餐厨垃圾
无害化资源化利用的模式创新与实践

◎ 钱耀洲　陈　贵　程旺大　主编

中国农业科学技术出版社

图书在版编目（CIP）数据

餐厨垃圾无害化资源化利用的模式创新与实践 / 钱耀洲，陈贵，程旺大主编．-- 北京 ：中国农业科学技术出版社，2024. 10. -- ISBN 978-7-5116-7121-9

Ⅰ. X799.305

中国国家版本馆 CIP 数据核字第 2024GT0652 号

责任编辑 崔改泵
责任校对 李向荣
责任印制 姜义伟 王思文

出 版 者 中国农业科学技术出版社
北京市中关村南大街 12 号 邮编：100081
电　　话 （010）82109194（编辑室）（010）82106624（发行部）
（010）82109709（读者服务部）
网　　址 https：//castp.caas.cn
经 销 者 各地新华书店
印 刷 者 中煤（北京）印务有限公司
开　　本 185 mm × 260 mm 1/16
印　　张 10.75
字　　数 262 千字
版　　次 2024 年 10 月第 1 版 2024 年 10 月第 1 次印刷
定　　价 100.00 元

《餐厨垃圾无害化资源化利用的模式创新与实践》

编委会

序
Preface

2024 年 7 月，党的二十届三中全会通过的《中共中央关于进一步全面深化改革　推进中国式现代化的决定》提出，中国式现代化是人与自然和谐共生的现代化；要完善资源总量管理和全面节约制度，健全废弃物循环利用体系。《国务院办公厅关于加快构建废弃物循环利用体系的意见》（国办发〔2024〕7 号）指出，“构建废弃物循环利用体系是实施全面节约战略、保障国家资源安全、积极稳妥推进碳达峰碳中和、加快发展方式绿色转型的重要举措”，“推进废弃物能源化利用，有序推进厨余垃圾处理设施建设，提升废弃油脂等厨余垃圾能源化、资源化利用水平”。

随着我国经济的快速发展与城市化进程的持续推进，餐厨垃圾产生量的年增长率超 10%，现阶段我国餐厨垃圾年产生量已突破 1.2 亿吨，且产生量仍在不断加速增长。餐厨垃圾是具有高有机质、高含水率、易腐烂变质及易发臭等特性的固体废弃物。餐厨垃圾的无害化处置和资源化利用，可进一步健全废弃物循环利用体系，有利于加快发展方式绿色转型，实施全面节约战略，发展绿色低碳产业，推动形成绿色低碳的生产方式和生活方式，加快推进人与自然和谐共生的中国式现代化。

浙江省桐乡恒易环保科技有限公司秉承绿色环保理念，将餐厨垃圾作为推进绿色经济、实现城市可持续发展的一个抓手，通过与科研院校紧密合作，创新了餐厨垃圾无害化资源化处理的新模式，创新性地采用国内领先的“干热水解生物转化法”工艺设备，并自主研制了相应配套设施设备，通过几年的实践，最大限度地实现餐厨垃圾无害化和减量化，满足了桐乡日益增长的餐厨垃圾终端处理需求，真正实现了餐厨垃圾的资源化和产业化，取得了极为显著的社会、经济和生态效益，形成了可复制可推广的餐厨垃圾无害化资源化利用的新模式。

《餐厨垃圾无害化资源化利用的模式创新与实践》一书正是以桐乡恒易环保科技有限公司在餐厨垃圾无害化和资源化利用中的创新模式与生产实践为基础，与嘉兴市农业科学研究院和嘉兴职业技术学院相关专家通力合作所编著，期冀加快推进产业链、创新链、人才链、教育链深度融合。该书理论与实践相结合，实用性和可操作性强，不仅有利于为企业和科研院校相关领域科技创新提供思路，也将对全社会餐厨垃圾更加科学高效的无害化处理和资源化利用发挥积极的推动作用。

中国科学院院士，发展中国家科学院院士

中国科学院生态环境研究中心主任

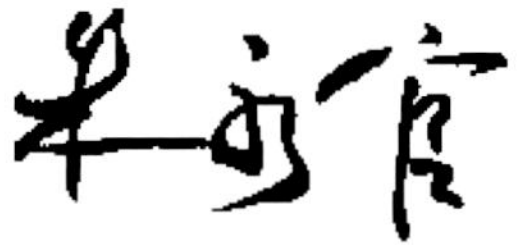

2024 年 8 月 15 日，全国第二个生态日，湖州

前言
Foreword

桐乡恒易环保科技有限公司（简称“恒易环保”）是一家专业从事餐厨废弃物无害化处理、环保技术开发与推广的现代新兴科技企业。恒易环保于2015年开始致力于餐厨垃圾无害化处理与资源化利用的研发，自主研发了餐厨垃圾无害化生物处理新模式——“干热水解生物转化法”。该技术资源利用率高，无害化程度高，对环境影响小，且工艺工程投资较少，运行费用较低，产品应用广泛，开创了餐厨废弃物处置的新理念和新方法，符合当前国家对餐厨垃圾处理的政策要求。根据桐乡市人民政府出台的《关于餐厨垃圾处理项目相关事宜的会议纪要》(〔2017〕30号）等文件，明确桐乡恒易环保科技有限公司专门负责桐乡市餐厨垃圾无害化处理和资源化利用项目的筹建和运营管理。项目于2017年5月23日动工建设，2017年12月10日试运行，2018年7月1日正式运行。处理能力150吨/日，用地面积25亩。经过几年的运营实践，项目取得了较好的生态效益、社会效益和经济效益。

为了加快餐厨垃圾无害化处理与资源化利用新模式、新技术的推广应用，恒易环保与嘉兴市农业科学研究院、嘉兴职业技术学院、嘉兴市农业科学研究院桐乡农科所等紧密合作，在多年实践基础上，共同总结凝练编写了《餐厨垃圾无害化资源化利用的模式创新与实践》一书，该书共包含四大部分共十四章，系统全面地讲解了餐厨垃圾处理的国内外研究进展，恒易环保自主研发的“干热水解生物转化法”

关键技术各个环节的工艺流程，设施设备、操作规程，以及资源化应用效果和实例。全书内容充实，可读性强，可供相关科研教学人员和行业内人员阅读借鉴，也可作为科普读物供大众阅读。

由于编者水平和专业所限，书中难免有不妥之处，敬请广大读者提出宝贵意见，以便再版时修改补充。

编 者

2024 年 7 月

目 录
Contents

第一部分

概　述

第一章 餐厨垃圾无害化资源化利用现状

推动可持续生产和转变消费方式对于维持全球经济增长与自然资源减少的平衡至关重要。全球粮食未来的需求量预计将增长 70%，以维持 2050 年预计达到 98 亿人口的需求。据联合国粮食及农业组织统计，在全球范围内，大约 1/3 可供人类使用的食物被浪费或丢弃，数量高达 13 亿 t。党的二十大报告强调，要加快发展方式绿色转型，实施全面节约战略，发展绿色低碳产业，倡导绿色消费，推动形成绿色低碳的生产方式和生活方式。《国务院办公厅关于加快构建废弃物循环利用体系的意见》（国办发〔2024〕7 号）指出，“构建废弃物循环利用体系是实施全面节约战略、保障国家资源安全、积极稳妥推进碳达峰碳中和、加快发展方式绿色转型的重要举措”“推进废弃物能源化利用。有序推进厨余垃圾处理设施建设，提升废弃油脂等厨余垃圾能源化、资源化利用水平”。因此，采取切实措施来限制食物浪费，并设计和运用相关的技术使被浪费的餐厨垃圾得到资源化利用迫在眉睫[1]。

一、餐厨垃圾概念、现状和主要成分

（一）餐厨垃圾的定义

根据我国《餐厨垃圾处理技术规范》（CJJ 184—2012）中的表述，餐厨垃圾分为两大类，包括餐饮垃圾和厨余垃圾。其中，餐饮垃圾指餐馆、饭店、单位食堂等的饮食剩余物以及后厨的果蔬、肉、油脂、面点等加工过程的废弃物；厨余垃圾是指家庭日常生活中丢弃的果蔬及食物下脚料、剩菜剩饭、瓜果皮等易腐有机垃圾。

从广义上来讲，餐厨垃圾是指食品生产、销售、加工、消费等环节所产生的有机废物，包括固体食物残余、餐饮废水、废弃食用油脂等；狭义上是指餐馆、家庭产生的食品废物。近年来，餐厨垃圾的定义逐渐细化，一般将家庭产生的食品废物称为厨余垃圾，而餐厨垃圾特指学校、机关公共食堂、餐饮行业集中大量产生的食品废物。前者主要指居民日常烹调中废弃的下脚料，数量不及餐厨垃圾庞大；后者产生来源于饭店、食堂等餐饮业的残羹剩饭，具有产生量大、来源多、分布广的特点。上海市把餐饮垃圾分为餐厨垃圾和废弃食用油脂两大类。其中餐厨垃圾是指食物残余和食品加工废料。废弃食用油脂是指不可再食用的动植物油脂和各类油水混合物[1-3]。

（二）餐厨垃圾的现状

随着我国经济的持续快速发展，人民群众生活发生了巨大变化，消费水平亦明显大幅提升，餐饮行业的市场规模呈现出明显的上升趋势，行业整体需求旺盛，随之而来的是我国餐厨垃圾出现量的爆发式增长。2019 年，我国 196 个大、中城市生活垃圾产生量高达 2.356 02 亿 t，相较于 2016 年增长了大约 25%[4, 5]。2017 年我国 202 个大、中城市生活垃圾产生量为 2.019 44 亿 t，其中餐厨垃圾产生量约为 1.08 亿 t[6]。据联合国粮食及农业组织统计，到 2025 年，全球餐厨垃圾产生量将达 22 亿 t[7]。根据《中国城乡建设统计年鉴 2020》统计推算，2020 年我国城市餐厨垃圾的总产量约为 1.28 亿。自 2016 年起，我国餐厨垃圾产量每年以近 6% 的速度持续增长，除 2020 年受新冠疫情的影响，餐厨垃圾的增速较上一年略有下降外，整体上餐厨垃圾的总量依旧呈现出上升的趋势。

（三）餐厨垃圾的主要成分

餐厨垃圾是食品可食部分和不可食部分的残余（图 1-1），其物理和生物化学特性随着组成成分、各地饮食结构的不同而有明显差异。餐厨垃圾成分中，富含淀粉、纤维素、蛋白质、脂类和无机盐。其中以有机组分为主，含有大量的淀粉和纤维素。无机盐中氯化钠的含量较高，同时含有一定量的钙、镁、钾、铁等微量元素。

图 1-1　餐厨垃圾

研究数据表明：在饮食业有机垃圾中，水分约占 79%，干物质约占 21%，其中，粗蛋白约占 20%，粗脂肪约占 28.8%。实验表明，餐厨垃圾中粗脂肪消化率为 88.26%，粗蛋白消化率为 89.63%。随着人们生活水平的提高，其中有机营养成分含量呈递增趋势。因此，此类垃圾具有很高的开发利用价值[1]。

我国的经济发展水平与发达国家存在差距，导致我国餐厨垃圾的成分组成混杂多变。我国餐厨垃圾特点是具有高油、高盐、高含水率、高有机质的特点。从餐厨垃圾组成来看，成分主要包括食物、纸张、金属、骨头、木头、织物、塑料及油脂等，其中食物占 70%～90%[1]。餐厨垃圾中的成分主要包括谷物、蔬菜、果皮、植物油、脂肪、肉、蛋、骨头、纸张和塑料等[8]。餐厨垃圾的含水率为 70%～90%，有机质的干基含量为80%～93%，油脂含量为1%～5%，盐含量为1%～3%。从成分性质来看，主要包括淀粉、纤维素、蛋白质、脂类和无机盐等，极易腐烂变质，传播细菌和病毒[9]。表1-1列出了我国餐厨垃圾的组成成分和理化性质。

表1-1　餐厨垃圾组成成分及理化性质

组分	质量分数（%）	主要成分	比例（%）	元素	质量分数（%）
水分	73～95	残留食物	75～90	C	42.05～47.67
盐分	0.5～3.0	纸张	0.5～0.9	N	1.91～3.89
粗蛋白	13～27	油脂	2.0～17.0	O	30.22～34.87
粗脂肪	17～42	骨头	5.0	H	5.25～5.94
纤维素	2.6～6.5	木头	1.0	S	＜0.55
		织物	0.1	Cl	0.21
		塑料	0.7	C/N	10～30
		金属	0.1	Ca	＞0.004 8

由表1-1可知，餐厨垃圾主要有四个特点。①组成成分：含水率（湿基）高达73%～95%、含盐率高达3%是一个显著特征；有机物含量高导致易腐败和致病细菌的大量滋生。②主要成分：残留食物75%～90%，油脂高达17%，这是餐厨垃圾的一个显著的特征。③元素组成：餐厨垃圾中元素质量分数从大到小依次为C>O>H>N>Cl>S，由于肉类中的蛋白质含量较高导致N元素的含量可高达3.6%，Cl元素含量主要来自于无机盐，S元素是在堆积过程中由于通风不良在微生物的作用下会产生有毒有害物质以及恶臭气体。④微量元素：Ca元素质量分数大于0.004 8%，还有一定量的Mg、Ni、Fe和Mn[10-12]。

二、餐厨垃圾的危害和资源化利用潜力

（一）餐厨垃圾的危害

国家发展和改革委员会办公厅等部门于2010年5月发布的《关于组织开展城市餐厨废弃物资源化利用和无害化处理试点工作的通知》指出，用“地沟油”加工食用油、餐厨垃圾作为饲料进入食物链、直接排入下水道或通过城市生活垃圾收运处理系统进行填埋或焚烧造成资源浪费和环境污染，是餐厨垃圾的主要危害。事实上，目前餐厨垃圾造成的污染已经成为城市环境污染的主要问题，严重威胁人们的正常生活和身体健康。主要危害表现为如下几个方面。

1. 影响城市市容和人居环境

从感官性状来说，餐厨垃圾表现为油腻、含水率高，影响人的视觉舒适感。由于餐厨垃圾具有很高的含水率和有机组分，使得其成为微生物存在的最佳环境，极易腐烂变质的餐厨垃圾会产生极大的异味且多油腻、湿淋淋等，影响人们的嗅觉及视觉舒适感。

一些餐馆随意将餐厨垃圾倾倒在下水道、路边，严重影响了市容市貌和环境卫生，增加公共卫生风险。

2. 作为饲料喂养家畜，存在同源性风险

在我国很多地区的广大农村、城市郊区和相毗邻的农业区，广大养殖户普遍用餐厨垃圾饲养畜禽，特别是喂养猪已成为一种传统习惯。但是，餐厨垃圾来源复杂，有些餐厨垃圾内常掺有塑料袋、砂砾、玻璃、陶瓷、铁丝、牙签等异物，可能对畜禽消化道造成物理性伤害。其次，一些餐厨垃圾由于收集、保管和存放的时间过长，开始发酵、酸化、发霉甚至腐烂，各类致病菌滋生，被猪食用后，有害物质在猪脂肪、肌肉里不断累积，造成了“垃圾猪”，被人食用后极易传播疾病。另外，餐饮行业产生的餐厨垃圾可能含有多种病菌，未经处理直接饲养畜禽，会通过畜禽体内毒素、有害物质的积累对人体健康带来危害，从而造成人畜之间的交叉感染[13-14]。

3. 污染环境，对城市污水处理厂正常运行造成影响

餐厨垃圾油脂和有机物含量高，经排水系统进入污水处理厂，直接造成污水中的有机物浓度升高，进一步加重污水处理厂的负担，增加运行成本。但若不经过处理直接排放容易造成污水管道堵塞，特别是在冬季气温较低时，餐厨垃圾中的油脂在管道连接、变径和弯头等处沉积，会加速城市管网的堵塞。同时，若餐厨垃圾、泔水直接进入环境，容易引起地下水污染、湖泊富营养化、江河中的鱼虾等由于缺氧而窒息等各类问题[15]。

4. 食用地沟油，对人类健康造成隐患

一些餐厨垃圾被加工成“泔水油”（地沟油），被不法分子掺入食用油中出售或添加到食用动物饲料中。由于饭店大量使用洗涤剂、消毒剂和杀虫剂以及食品霉烂产生毒素等原因，使餐厨垃圾中含有大量的铅、汞、黄曲霉素及其他致癌物质等，长期食用“泔水油”会损伤人和动物的神经、肝脏、肾脏和免疫系统等，可导致肠癌、胃癌、肝癌等恶性疾病。“泔水油”中甚至可能含有较大量的危险毒素，有些毒素的毒性是砒霜的 100 倍[16]。因此，这种食物链形式隐藏着巨大的病原体转移与扩散的危险。

5. 滋生病菌，传播疾病

各种餐厨垃圾中除了含有强感染性致病菌外，还含有许多有严重危害的细菌，每克餐厨垃圾在自然状态下放置 24 小时左右，细菌含量即高达数亿个，大肠杆菌的含量达到数万个活菌。特别是来自各类医院与公共餐饮行业的餐厨垃圾，其卫生安全质量更加无法保证，其中有各种病原菌微生物（沙门氏菌、志贺氏菌、金黄色葡萄球菌、结核杆菌等）、寄生虫及虫卵等有毒有害成分的残留和富集。这些病原微生物具有很强的感染性和致病性，一旦在环境中传播扩散将导致不可估量的严重后果。而裸露存放的泔水引来并滋生了大量蚊蝇、鼠虫，不可避免地成了传播疾病的媒介[1, 14]。

综上所述，如不及时采取切实措施进行适当处理，餐厨垃圾产生的危害会越来越严重，成为城市环境污染的新污染源，严重威胁人们的正常生活和身体健康，与全面建设小康社会、构建和谐社会不相适应，这一问题已经引起政府重视和人们的广泛关注。因此，积极关注餐厨垃圾的产生及去向，大力开发适用于餐厨垃圾的处理处置技术，在全国范围内推行餐厨垃圾单独处理，已成为普遍关注的热点问题之一。

（二）餐厨垃圾的资源化利用潜力

餐厨垃圾具有废弃物和资源的双重特性。一方面，餐厨垃圾腐烂变质速度快，易滋长细菌，造成水体和大气污染，影响环境卫生，引发食品安全隐患；另一方面，餐厨垃圾具有较高的资源开发利用价值。对餐厨垃圾进行资源化循环利用，可将其转化为清洁能源、有机肥、生物饲料等，不仅可以保护环境，还可以缓解能源危机，达到使资源再生的目的。促进餐厨垃圾处理与再生利用，实现餐厨垃圾资源化利用，对于保障良好的城市生态环境，保护人民健康具有重要意义[17]。因此，餐厨垃圾资源化处理问题关系到百姓的食品安全、环境卫生和城市的节能减耗，这已成为最受关注的民生焦点问题之一。

目前，我国正面临着巨大的餐厨垃圾处理压力，且这种压力随着经济发展和社会进步将持续存在。因此，餐厨垃圾的处理处置及其资源化利用对我国经济和社会稳定发展起着至关重要的作用。“十二五”期间，国家发展和改革委员会、国家住房和城乡建设部陆续公布了 5 批共 100 座餐厨废弃物资源化利用和无害化处理试点城市。餐厨垃圾专项收运、无害化处理和资源化利用在法规层面的大氛围已基本形成，自 2016 年开始，共有 47 个餐厨垃圾资源化利用示范城市通过验收[18-19]。

党的十八大以来，在以习近平同志为核心的党中央坚强领导下，我国大力发展循环经济，加强资源综合利用，废弃物循环利用工作取得积极进展。习近平总书记高度重视废弃物循环利用工作，强调要更加重视资源的再生循环利用，推行垃圾分类和资源化，扩大国内固体废弃物的使用，加快构建废弃物循环利用体系。2024 年 2 月，《国务院办公厅关于加快构建废弃物循环利用体系的意见》（国办发〔2024〕7 号）正式发布。《意见》指出，要以习近平新时代中国特色社会主义思想为指导，深入贯彻党的二十大精神，全面贯彻习近平生态文明思想，完整、准确、全面贯彻新发展理念，加快构建新发展格局，着力推动高质量发展，遵循减量化、再利用、资源化的循环经济理念，以提高资源利用效率为目标，以废弃物精细管理、有效回收、高效利用为路径，覆盖生产生活各领域，发展资源循环利用产业，健全激励约束机制，加快构建覆盖全面、运转高效、规范有序的废弃物循环利用体系，为高质量发展厚植绿色低碳根基，助力全面建设美丽中国。《意见》明确，推进废弃物能源化利用。有序推进厨余垃圾处理设施建设，提升废弃油脂等厨余垃圾能源化、资源化利用水平。

三、餐厨垃圾处理的主要模式及优缺点

作为全球第二大经济体，我国的一项重要职责便是积极应对气候变暖问题，加快推动我国生态文明建设，实现高质量发展。餐厨垃圾产生于人们日常的生活和生产中，由于餐厨垃圾成分复杂，处理难度比较大，要求采取严格的处理措施，借助科学手段将其进行资源转化[20]。传统的处理方式是将餐厨垃圾直接送往垃圾填埋场，焚烧或直接用作家禽家畜的饲料，这造成了环境污染、资源消耗、威胁公众健康等问题。在我国碳达峰碳中和及建设美丽中国的时代背景下，餐厨垃圾实现资源化利用和无害化处理必然是行业的未来趋势。然而，如何实现源头减量、资源化利用和无害化处理餐厨垃圾仍然是

亟待解决的现实难题。

（一）餐厨垃圾处理现状

一般将餐厨垃圾处理技术分为非生物技术和生物技术两大类。常见非生物处理技术包括粉碎直排处理、卫生填埋处理、焚烧处理等；常见生物处理技术包括好氧堆肥处理、厌氧消化处理、生物制氢、蚯蚓堆肥、黑水虻生物处理等。在生物处理技术方面，我国现阶段餐厨垃圾处理的主要技术是以厌氧消化处理为主，好氧堆肥处理及饲料化为辅。因餐厨垃圾中水分和有机质含量较高且热值低，不宜同其他生活垃圾混合焚烧，需单独处理。由于餐厨垃圾中盐分较高，导致实际堆肥处理受到限制，相当一部分餐厨垃圾还是通过焚烧的方式处理。相较好氧堆肥及饲料化处理技术，厌氧消化处理的减量化、资源化和无害化程度较高，在实际应用中也得到普遍推行使用。

（二）主要模式及其优缺点

目前餐厨垃圾处理采用的主要工艺为“预处理＋厌氧发酵＋资源化利用”[21]，典型技术为厌氧发酵、好氧堆肥、生物转化、灭菌饲料、焚烧处理。这几种处理技术并行发展，其中厌氧发酵技术占比最高，超过 70%[22]。厌氧发酵的最终资源化产品有沼气、有机肥、粗油脂等。

1. 厌氧发酵技术

餐厨垃圾在兼性菌、厌氧菌作用下分解为 CH_4、CO_2 和 H_2O 等。在厌氧发酵过程中，可收集沼气、H_2 作为清洁能源，实现餐厨垃圾的资源化。Lay 等研究脂肪类（鸡皮和肥肉）、淀粉类（土豆和米饭）、蛋白质类（瘦肉和鸡蛋）等不同组成成分的餐厨垃圾，在相同的条件下进行产氢发酵，发现脂肪类、蛋白类餐厨垃圾的产氢能力仅是淀粉类垃圾产氢能力的 1/20。不同种类的餐厨垃圾产氢条件潜力不同。余益辉等[23]研究了固相餐厨垃圾产甲烷特性，发现当污泥与餐厨垃圾比例为 2∶1、1∶1、2∶3 和 1∶2 时，餐厨垃圾都能很好地进行厌氧发酵产甲烷，最大产甲烷产量分别为 594.7、449.7、392.9 和 333.4 mL/g TS。厌氧发酵技术按进料可分为全物料厌氧、协同厌氧。按含固率可分为湿式、干式厌氧消化。按温度可分为常温、中温、高温厌氧消化。按阶段分为单相、两相厌氧消化。厌氧发酵技术能产生资源化产品——沼气（可用于发电、集中供热等），应用设备占地面积较小，是一种绿色、低碳的餐厨垃圾处理方式。另外，该技术是可回收清洁能源，总碳减排量高，符合国家能源政策，并使餐厨垃圾远离食物链污染。但缺点是厌氧发酵处理所需设备、技术较复杂，工程投资大，投资回收期长，厌氧发酵后沼渣和沼液的处理也较困难。而且厌氧发酵过程受到温度、pH 值、搅拌效果、微生物菌种等许多因素的影响，如何有效控制这些制约因素至关重要[22, 24]。

2. 好氧堆肥技术

好氧堆肥主要是通过好氧微生物的氧化分解和生物合成，将有机质转化为稳定的腐殖质的生物化学过程。但堆肥处理不能充分回收利用餐厨垃圾中富含的营养成分，存在堆肥品质不良及二次污染等问题。高盐分的堆肥产品将抑制植物的生长，如果长期使用会导致土壤盐碱化。好氧堆肥技术的研究方向主要为进一步筛选高效的分解菌种，同时降低盐分和油脂，缩短堆肥周期，提高有机肥料的品质。该技术的优点是产品中富含N、P、K等多种营养元素，可作为土壤改良剂或优质肥料，处理方法简单。其主要缺点是：杀菌不彻底；含水率高，需要添加辅料（如秸秆、稻壳、麦糠等）；应用设备占地面积大；处理周期长；臭味较大；餐厨垃圾的高含盐量和高油脂含量会对产品品质有不利影响，进而影响堆肥产品的大规模土地应用[24，25]。

3. 灭菌饲料技术

餐厨垃圾中含有大量有机营养成分，其饲料化具有相当的优势。但出于安全卫生考虑，国家禁止将餐厨垃圾直接作为动物饲料，必须经过处理，消除病毒污染后制成饲料。饲料化可分为生物法和物理法。生物法是利用微生物菌体处理餐厨垃圾，利用微生物的生长繁殖和新陈代谢，积累有用的菌体、酶和中间体，经烘干后制成蛋白饲料[26]。物理法是直接将餐厨垃圾脱水后，采用高温杀灭病毒和菌类，经粉碎后加工成饲料。比较成熟的加工方法是将造粒技术、挤压膨化和干燥技术等手段进行综合利用。物理法相对于生物法工艺简单，成本低，但存在较大的食物安全隐患。在日本，从餐厨垃圾加工得到的饲料被称为生态饲料。目前制备生态饲料的方法既包含生物法又包含物理法。比如青贮，即利用乳酸菌发酵；发酵后以流体形式饲喂畜禽；通过厌氧或好氧发酵生产菌体蛋白；脱水制备干饲料，如真空油炸法、煮沸干燥法、高温发酵干燥法、直接高温干燥法。然而，餐厨垃圾饲料化具有潜在的食物链风险，在生产和食用生态饲料的时候需谨慎操作。灭菌饲料技术受到餐厨垃圾性质的影响，难以避免同源性安全隐患问题，且饲料化产品难以达到蛋白饲料的要求，对于餐厨垃圾的资源化处理存在一定问题，为满足安全要求，必须在设备、技术等方面做出调整[27-29]。

4. 昆虫生物转化技术

昆虫生物转化技术是在人工可控条件下，利用蝇蛆、黑水虻、黄粉虫、蚯蚓等特定生物与环境微生物的协同代谢作用[18]，将餐厨垃圾三相分离后的固体有机物快速高效地转化成腐殖化堆体，并获得数量与效益可观的蝇蛆或水虻等特定生物。该技术的优点是技术简单，能耗低，降低了处理成本；产品具有一定的经济效益，可实现良性循环。其缺点是生产设备的自动化程度低，环境控制成本高，有产品销路问题，实现规模化生产的难度大。

图 1-2　蝇蛆

图 1-3　蝇蛆消纳餐厨垃圾车间

5. 蚯蚓堆肥

蚯蚓堆肥是指在好氧堆肥的基础上投入蚯蚓，利用蚯蚓消化道分泌的蛋白酶、脂肪酶、纤维素酶和淀粉酶等多种酶类与环境微生物协同作用，将餐厨垃圾有机质转化为自身或其他生物易于利用的营养物质，加速堆肥的稳定化过程。蚯蚓堆肥不仅可以降低重金属含量和碳氮比，提高堆肥肥效，繁殖出来的蚯蚓可提取酶、氨基酸和生物制剂，是一种高蛋白饲料、药用材料和化妆品添加原料，蚯蚓粪便可作为除臭剂和高效有机肥，可见蚯蚓堆肥技术具有较高的环保效益和经济效益[30-32]。然而，在蚯蚓堆肥过程中，蚯蚓对其生长环境要求较高。研究表明，温度、湿度、基料种类、透气性、pH 值、碳氮比和蚯蚓密度等生态因子均会影响蚯蚓生存、生长和繁殖[33-34]。此外，堆肥过程产生的甲烷和一些臭味气体不利于蚯蚓生存，蚯蚓的生活周期长且繁殖率较低，在养殖蚯蚓前，需预堆肥（约 20 d）来杀死病原菌和有害微生物。

6. 焚烧处理技术

焚烧处理技术是利用 850～1 000℃的高温将餐厨垃圾中的可燃组分进行氧化分解，从而实现减量化。焚烧后残渣仅剩 20% 左右，体积为原体积的 10% 左右，焚烧过程中释放大量的热量，可用于发电、供暖等，剩下的灰分掺入大量水泥螯合物或水泥磷酸等处理达标后进行卫生填埋[26]。由于餐厨垃圾含水率高达 80%～90%，热值较低，燃烧时需添加助燃剂，且若不充分燃烧，会产生 SO_2、HCl、PCB（Polychlorinated Biphenyls，氯化联苯）及二噁英等，焚烧运营维护成本大，能耗较高，技术专业性强。

（三）餐厨垃圾处理存在的主要问题

餐厨垃圾的特点决定了采用单一处理技术难以完全实现餐厨垃圾的“减量化、无害化、资源化”处理，也导致现阶段中国餐厨垃圾处理技术及运行模式还不成熟，垃圾项目只有部分产品收入，政府补贴仍是该行业的主要支撑。

1. 处理能力不足

相关研究表明，食物在消费和加工过程中浪费比例较大，这些浪费部分均最终被作为餐厨垃圾处理。中国餐厨垃圾处理项目总计年处理能力 784.75 万 t，相对于每年 1.2 亿 t 的产生量，处理缺口仍然巨大。因此，在增强餐厨垃圾处理能力建设的同时，应重视源头减量和全过程管理控制。需要采取政府引导、企业和群众参与的方式，共同推动餐厨垃圾的减量[35]。

2. 处理技术和设备不成熟

目前国内还未形成全链条的、成熟的、可推广的餐厨垃圾工艺，大多数采用中温厌氧发酵工艺，处理效果均不太理想，产沼气性能也不稳定。厌氧发酵的技术设备多数采用 UASB（Up-flow Anaerobic Sludge Bed/Blanket，上流式厌氧污泥床）、MIC（Multi-internal Circulation，多级内循环厌氧反应器）、IC（Internal Circulation，内循环厌氧反应器）、CSTR（Continuous Stirred Tank Reactor，全混式反应器）等反应器类型。由于餐厨垃圾的高含固率、高含油率等特性，目前这些反应器在厌氧发酵过程中极易出现发酵周期长、酸抑制、固渣堵塞、产气不稳定、受季节影响波动大等一系列问题，需要在后续的工程应用中不断优化，探求一类能适合餐厨垃圾复杂特性的高集成化、高智能化、低能耗、低运行成本的技术设备[35-36]。

3. 配套法律法规不完善

目前国内餐厨垃圾处理行业的标准为 CJJ 184—2012《餐厨垃圾处理技术规范》，未颁布行业的餐厨垃圾设施评价、运营管理、餐厨废水排放、产品品质等方面标准规范。餐厨废水排放目前多采用 GB 8978—1996《污水综合排放标准》或 GB/T 31962—2015《污水排入城镇下水道水质标准》。另外，也未制订关于餐厨垃圾制备有机肥的国家标准。随着环保要求的提高和餐厨废弃物处理行业发展的日趋成熟，餐厨废水的排放标准、餐厨垃圾制备有机肥相关标准的制订迫在眉睫，餐厨垃圾处理项目建设运行的评估体系和管理制度亟待尽快建立，以提升行业的技术水平[35]。

4. 产品销路不顺畅

高盐分堆肥产品会抑制植物的生长，如果长期使用还会导致土壤的盐碱化，因此堆肥产品的销路还不太顺畅。餐厨垃圾制成的饲料由于受餐厨垃圾性质的影响，有同源性安全隐患问题，且产品品质难以达到市场上蛋白饲料的标准要求，因此目前还未大面积推广使用。厌氧发酵产生的沼气含水分较大、含硫较高、CH_4 含量低，需进一步建设脱硫脱水、沼气净化提纯、沼气增压等系统[37]，而且成本较高。沼气的市场化应用目前仅限于大型的沼气项目中[35]。

第二章　恒易环保的餐厨垃圾处理模式创新

一、餐厨垃圾处理的地方政策需求

依据《浙江省餐厨垃圾资源化综合利用行动计划》，至 2017 年底，全省 11 个设区市本级和省级餐厨垃圾资源化综合利用试点县（市）项目已建设完成，收运体系建立完毕。至 2020 年底，全省餐厨垃圾收运体系进一步完善，餐厨垃圾资源化综合利用能力基本实现全覆盖，餐厨垃圾资源化综合利用环保产业规模居全国前列。依据《浙江省餐厨垃圾管理办法》，餐厨垃圾处理实施单独投放、统一收运、集中处置。

按照浙江省桐乡市人民政府《桐乡市生活垃圾分类处置工作实施方案》，要求建立源头减量、分类投放、分类收集、分类运输、分类处置的生活垃圾处理体系，同步建设生态、循环、可持续的资源化利用及无害化处置终端和资源化利用能力。餐厨垃圾包括餐饮垃圾和厨余垃圾分类归集绿色桶，全市餐厨垃圾处置统一委托具备资质的餐厨垃圾处置企业进行处置。到 2018 年 12 月底，小餐饮单位、工业厂区 50 人（用餐）以上企业食堂餐厨垃圾 90% 收运。2019 年 6 月底前全市范围内生活垃圾分类覆盖面达到 100%。2019 年底建立健全了生活垃圾分类长效机制，进一步提升分类质量及资源化利用成效。分类投放、收运和处置体系健全，末端处置能力能够满足前端分类需要。

面对桐乡市的餐厨垃圾分类收集的前端逐步全覆盖，后端收集和处置配套设施迫在眉睫，仅依靠嘉兴市本级的餐厨垃圾收集处置单位收集和处置已不能满足日益增长的餐厨垃圾点和产生量。2017 年开始，桐乡恒易环保科技有限公司（简称“恒易环保”）秉承绿色环保理念，将餐厨垃圾作为推进绿色经济，实现城市可持续发展的抓手，积极推进科技创新，创新了餐厨垃圾无害化资源化处理的新模式，并自主研制了相应配套设施设备，最大限度地实现无害化、减量化，进而实现资源化和产业化。恒易环保在创新餐厨废弃物处理时，技术上主要实现以下创新：①无害化、彻底化、资源化程度高，做到无害化的同时实现资源化利用；②技术先进，设备自主研制，可靠性高；③技术安全性好，符合国家产业政策和发展方向；④运行持续性好，可持续性处理餐厨废弃物，产品质量稳定有利于市场平衡销售；⑤适合规模化生产，处理能力大；⑥选址比较容易；⑦二次污染及能耗小，工厂环境质量高；⑧工程投资适中，模式可复制性强。

二、恒易环保餐厨垃圾无害化处理和资源化利用模式的技术要点

恒易环保在浙江省桐乡市石门镇建设了餐厨废弃物无害化处理基地，采用国内领先的“干热水解生物转化法”工艺设备，使桐乡市餐厨废弃物实现无害化和资源化利用，

满足了桐乡日益增长的餐厨垃圾无害化和资源化终端处理需求。

该模式的技术要点包括：

（1）经过统一规范化收集、运输和仓储的餐厨垃圾经过多级分拣、精细分拣后，进入干热水解系统，之后进行三相分离（废水、粗油脂和固体物料）。产生的废水经过厌氧、兼氧、好氧等处理工艺，厌氧产生能源物质沼气，为餐厨垃圾处理提供能源：一是通过沼气蒸汽发生器为餐厨垃圾“干热水解”工艺供热，二是通过沼气蒸汽发电机为餐厨垃圾处置设备供电，从而实现以污治污、资源化循环利用。

（2）大部分废水处理达标后纳入污水管网，部分经过深度处理后实现水资源的再生循环利用，回用于生产；产生的粗油脂经过进一步提纯处理后，提供给有资质的油脂利用企业，餐厨油脂可以加工成工业用油，如用于制造肥皂、蜡烛、润滑油等工业产品。也可以提取制成生物柴油，作为可再生的替代石油燃料。

（3）产生的固体餐厨有机质可进行多渠道资源化：一是可用于蝇蛆养殖；二是可用于堆肥发酵制成有机肥；三是可以进行烘干后，饲料化应用。

（4）为防止臭气泄漏，整个餐厨垃圾处理车间采用全密闭、微负压设计。车间内臭气通过专用收集系统，经过多种处理工艺处理后，高空达标排放。

经过几年的实际运行和不断改进完善，恒易环保的餐厨垃圾处理模式实现了餐厨垃圾的无害化和资源化利用。这种模式已成为桐乡市乃至浙江省餐厨垃圾无害化处理和资源化利用的样板，可以为全国其他地区的餐厨垃圾处理利用提供模式和技术支撑。

参考文献

[1] 魏泉源，吴树彪，阎中，等. 城市餐厨垃圾处理与资源化. 化学工业出版社，2021.

[2] 崔文静，陆敏博. 餐厨垃圾处理现状及今后发展趋势. 广州化工，2021，48（19）：140-141.

[3] 王义文，周丽杰，宋锦东，等. 餐厨垃圾处理技术综述. 现代制造技术与装备，2020（6）：173-175.

[4] 中华人民共和国生态环境部. 2020 年全国大、中城市固体废物污染环境防治年报. 2020.

[5] 中华人民共和国生态环境部. 2017 年全国大、中城市固体废物污染环境防治年报. 2017.

[6] 周俊，王梦瑶，王改红，等. 餐厨垃圾资源化利用技术研究现状及展望. 生物资源，2020，42（1）：87-96.

[7] Mehariya S，Patel A K，Obulisamy P K，et al. Co-digestion of food waste and sewage sludge for methane production：Current status and perspective. Bioresource Technology，2018，265：519-531.

[8] 高宁博，胡雅迪，全翠. 餐厨垃圾的热转化和生物处理研究进展. 化工进展，2022，41（S1）：507-515.

[9] 尹亚琳 . 餐厨垃圾的处理技术 . 资源节约与环保，2018（6）：106.
[10] Zhou Y，Engler N，Nelles M. Symbiotic relationship betweenhydrothermal carbonization technology and anaerobic digestion for food waste in China. Bioresource Technology，2018，260：404-412.
[11] 王凯军，王婧瑶，左剑恶，等 . 我国餐厨垃圾厌氧处理技术现状分析及建议 . 环境工程学报，2020，14（7）：1735-1742.
[12] 胡鑫鑫 . 杭州市餐厨垃圾预处理技术的应用 . 环境卫生工程，2018，26（3）：8-10.
[13] 张高美，蔡志金，李秋仪 . 餐厨垃圾处理技术及资源化利用前景分析 . 智能城市，2020（9）：156-157.
[14] 辛梓弘，韩岗亭，刁伟霞 . 城市餐厨垃圾的资源化利用路径研究 . 四川环境，2023，42（4）：344-350.
[15] 邓松圣，冷夕杜，戴飞 . 餐厨垃圾处理的恶臭气体排放及处理方法研究 . 绿色科技，2021，23（18）：89-93.
[16] 郑芳芹 . 城市餐厨垃圾特点及处理技术分析 . 环境与发展，2018（9）：67-68.
[17] 任海静，马一祎，王攀 . 我国城市餐厨垃圾处理与再生利用技术发展分析 . 建设科技，2021（17）：26-30.
[18] 杨垚，李欣欣，张蔚萍 . 九江市城市生活垃圾分类收集和处理对策研究 . 九江学院学报（自然科学版），2020，35（2）：1-3.
[19] 谭业琴，俞钟陆，魏孔忠 ."双碳" 背景下中国餐厨垃圾处理现状及趋势 . 能源与节能，2022（4）：63-68.
[20] 王桂琴，陈日晖，张丽，等 . 北京市朝阳区餐厨垃圾产生量调查及特性分析 . 中国资源综合利用，2020，38（9）：41-44.
[21] 何瑞香，林惠虹，徐昀霏，等 . 福州市生活垃圾分类现状调查与对策 . 能源与节能，2014（14）：91-92.
[22] 杜瑾 . 上海城市居民生活垃圾分类的协同治理机制研究 . 上海：上海师范大学，2020.
[23] 余益辉，黄振兴，高树梅，等 . 固相餐厨垃圾厌氧发酵特性 . 2015，9（1）：355-361.
[24] 易志刚 . 餐厨垃圾收运与资源化利用研究进展 . 中国资源综合利用，2021，39（12）：116-119.
[25] 张高美，李秋仪，蔡志金 . 餐厨垃圾处理技术与发展趋势 . 智能城市，2020（12）：164.
[26] 邓俊 . 餐厨垃圾无害化处理与资源化利用现状及发展趋势 . 环境工程技术学报，2019，9（6）：637-642.
[27] 周杰，郑纯智，张国华，等 . 餐厨垃圾饲料化现状研究 . 广东化工，2022，49（24）：193-195.
[28] 熊彩虹，刘清笑，雷鸣，等 . 黑水虻协同厌氧发酵处理餐厨垃圾的可行性分析 . 广东化工，2020，47（10）：98-100.
[29] 陆黎梅，吴东庆，方凯，等 . 基于专利分析的中国餐厨垃圾饲料化技术态势研究 . 广西社会科学，2021（3）：124-129.

[30] 曹瑞琪 . 蚯蚓堆肥对餐厨垃圾的肥料化处理和生态综合利用评估 . 试验技术与管理，2013（11）：88-91.

[31] 刘依林，陈大志，朱爽，等 . 厨余混合绿化垃圾的不同配比对赤子爱胜蚓生物量及堆肥效率的影响 . 生态科学，2013，32（5）：571-575.

[32] 申飞，朱同彬，滕明娇，等 . 蚓粪和益生菌互作对土壤性状及番茄产量和品质的影响 . 应用生态学报，2016，27（2）：484-490.

[33] 陈大志，刘顺会，林秋奇，等 . 蚯蚓堆肥处理剩余污泥混合有机垃圾的效率研究 . 农业环境科学学报，2012，31（6）：1244-1249.

[34] 王桂才，李洋洋 . 餐厨垃圾堆肥化处置方式探讨 . 再生资源与循环经济，2013（10）：38-40.

[35] 倪怡宏 . 我国城市生活垃圾分类处理管理现状及对策研究：以苏州市吴江区为例 . 武汉：湖北大学，2018.

[36] 谭业琴，俞钟陆，魏孔忠 . “双碳” 背景下中国餐厨垃圾处理现状及趋势 . 能源与节能，2022（4）：63-68.

[37] 张爱军，吴靖宇，戴小东 . 餐厨垃圾与生活垃圾焚烧协同处理探讨 . 环境与可持续发展，2021，46（1）：115-119.

第二部分

餐厨垃圾无害化处理关键技术

第三章　餐厨垃圾收集、运储和预处理关键技术

目前，浙江省桐乡市的餐厨垃圾主要由浙江恒易环保科技股份有限公司的子公司桐乡恒易环保科技有限公司负责进行无害化处理及资源化利用。处理方法主要采用“干热水解生物转化法”。该方法主要是将餐厨垃圾进行多级分选，分拣出生活垃圾后，利用粉碎机将剩余物中的颗粒物粉碎成粉末状，最终剩余物形成浆状后再进行精细分离（图 3-1）。将精细分离后的产物输送至缓冲储存罐，采用干热水解将精细分离后的产物进行杀毒灭菌，随后进行三相分离，分别分离出油脂、污水、固体物料。其中，油脂进行回收利用，污水经厌氧、兼氧、好氧等处理工艺，厌氧产生能源物质沼气，为餐厨垃圾处理提供能源。产生的固体餐厨有机物料有多种资源化渠道：一是用于蝇蛆养殖；二是可用于堆肥制成有机肥；三是可以进行烘干后，作为动物饲料。

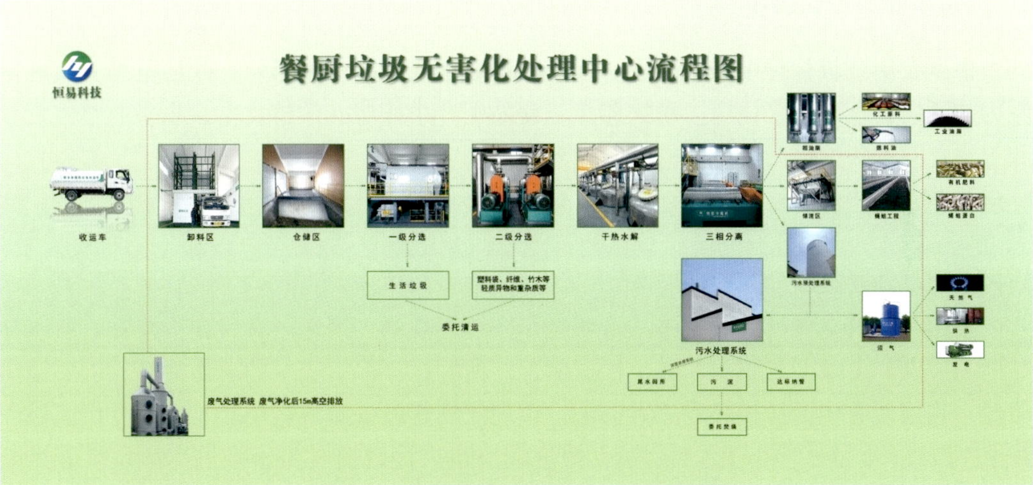

图 3-1　“干热水解生物转化法”工艺流程

一、餐厨垃圾收集模式和中转站设施设备

国内餐厨垃圾收集运输方式主要分为分散式和统一集中式。分散式处理设施主要采用小型化堆肥设备，占地面积小、处理速度快，人员配备少，其投资和收运成本都能大幅度降低，缺点是处理量小、单位处理成本高。统一集中式处理则首先需将餐厨垃圾从各处收集后运输至区域的中转站，随后统一转运至集中式大型处理站进行处理。统一集中式处理方式具有大型工程的规模效应，单位能耗低、资源化利用高、经济效益好，但物料运输距离长、工程投资高、占地较大。

目前，桐乡市采用的即是“统一收集、集中处理”的运作模式，建立了“户集、镇（街道）统一收集、中心转运处理”三环相扣的无害化处理运行机制以及规范的申报、受理、收集、运输等工作制度。实行“联单制”管理，印制统一规范的申报单、受理单、勘验单及交接单等，做到各项收集处理流程规范有序。桐乡市已出台相应的地方性政策法规及补贴机制，并建立了相应的领导机构，强化责任落实。各镇（街道）也不断加大垃圾分类宣传力度，增强市民的法治观念和自律意识，确保餐厨垃圾应收尽收。具体收运流程如图 3-2 所示。

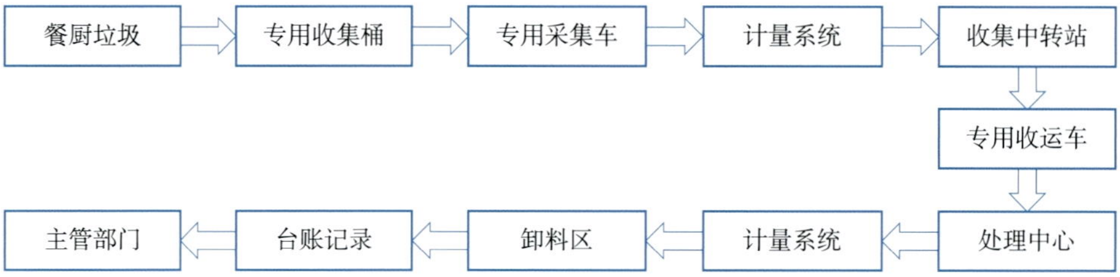

图 3-2　桐乡市餐厨垃圾收运流程图

（一）餐厨垃圾收集范围

根据餐厨垃圾处理中心的大小，确定以地级市或县级市为单位，收运范围为市区范围内的酒店、饭店、火锅店、餐饮摊点、食品生产小作坊、学校食堂、企事业单位食堂和工地食堂等餐饮部门所产生的餐厨废弃物。

（二）餐厨垃圾收集网络建设

1. 中转站建设

按照“政府主导、企业主体、市场运作，统筹规划、因地制宜，全程监督、财政补贴”的原则和要求，各镇（街道）根据就近、便利、环保、安全的总体标准，以乡镇为单位，利用现有生活垃圾收运体系选址，合理规划建设餐厨垃圾中转站。桐乡市区域面积 727 km^2，下辖 3 个街道、8 个镇，根据桐乡市人民政府《关于推进生活垃圾分类处置工作相关事项的会议纪要》并结合实际情况，累计建立专有收集点——餐厨垃圾收集中转站 10 个，分别为梧桐、崇福、乌镇、濮院、洲泉、茅亭浜（市区）、屠甸、河山、大麻以及开发区与凤鸣合并点。石门镇因距离无害化处理中心位置较近，故不另设中转站，由处理中心派专人专车负责石门镇范围内餐厨垃圾的收集（图 3-3 至图 3-5）。

2. 收集网络建设与投资

中转站由各镇（街道）人民政府负责投资、建设，由所在镇（街道）人民政府分管领导协调做好土地供应和选点等工作，按照统一建设标准筹建，企业协助各镇（街道）政府做好中转站的施工、建设。中转站相关设施设备、收集车辆以及监控配备等均由企业投资配备及管理。中转站主要建设项目具体见表 3-1。

图 3-3　乌镇中转站外景

图 3-4　茅亭浜中转站外景

图 3-5　崇福中转站外景

表 3-1　餐厨垃圾中转站主要建设项目

项目建设分项名称	单位	规模（数量）	备注
（一）管理用房土建工程			政府投资
（二）设备购置			企业投资
1. 存储自卸机	套	3	
2. 清洗设备	台	3	
3. 热水系统	套	1	
4. 清洁用具	套	3	
5. 垃圾桶卸料机	台	3	
6. 小型污水泵	台	3	
7. 八桶电动驳运车	辆	若干	
8. 计量监控设备	套	1	便于数字化监控餐厨垃圾处理量及跟踪溯源
9. 废气净化设备	套	2	中转站微负压设计，处理废气及防止废气外溢
10. 消毒除臭雾化设备	套	2	用于中转站的消毒

（三）餐厨垃圾收集方式

各镇（街道）负责辖区内餐厨垃圾统一收集，落实收集车辆和收集管理人员，将餐厨垃圾从产生地源头收集至中转站（图 3-6）。可通过招投标方式选定物业公司或根据辖区内产生餐厨垃圾饭店等的实际分布情况，配备若干名专职或兼职收集人员负责将辖区内餐厨垃圾收运至中转站。

图 3-6　街道统一收运

为使餐厨垃圾在收集、运输过程中便于管理和监督，对餐厨垃圾收集专用容器进行统一设计。餐厨垃圾桶的选择可参考生活垃圾桶样式，尽量做到统一美观，容积分别为120 L、240 L，加盖密封，防止异味外溢。

采用带电动液压尾门的八桶电动驳运车（图 3-7）接驳，该车具有体积小巧、易于操作等特点，可做到应收尽收。收运时，收运人员从餐厨垃圾中转站携带空桶出发前往收运点（图 3-8）。到达收运点后，直接利用电动尾门将满载的餐厨垃圾桶转运至八桶电动驳运车中，而后替换成洁净垃圾桶。在收集过程中无须进行转置操作，不会产生跑冒滴漏等问题。

图 3-7　餐厨垃圾电动驳运车

图 3-8　驳运车辆由中转站统一出发前往各收运点

驳运车收集完毕后，驶回餐厨垃圾中转站，通过自动化计量后（图 3-9），将餐厨垃圾直接倾倒至专用储存自卸提升机料斗中（图 3-10）。利用中转站配置的热水高压清洗系统，对垃圾桶中顽固油渍、污渍进行彻底清洗（图 3-11）。中转站设有废水收集管道，清洗废水通过集中收集后泵送至城市污水处理中心处置。以桶换桶的收运方式具有高效、杜绝二次污染等优点。

图 3-9　驳运车称重

图 3-10　餐厨收运车卸料

图 3-11　乡镇收集到中转站卸料清洗

（四）餐厨垃圾收集中转站的运行管理

收集中转站由企业负责配备及管理，一般配备 2 名专职管理人员。主要负责中转站餐厨垃圾的暂存管理、卫生清洁、有关信息受理及联络和台账管理等工作。

桐乡市餐厨垃圾无害化处理中心负责落实收集运输专用车辆及工作人员的管理，中转站工作人员的工资劳务亦由桐乡市餐厨垃圾无害化处理中心承担。

收运时间方面，根据《餐厨垃圾处理技术规范》（CJJ 184—2012），餐厨废弃物应做到日产日清，在容器中存放时间不应超过 24 小时。运输时间应避开交通高峰时段。鉴于餐厨垃圾专用收集车单车收运单位多、收运量大、时间集中，必须制订科学合理的收运计划，对收运时间进行精心安排，严格掌控收运效率，还需要注意解决两个问题，即避开餐饮营业高峰时段及城市交通高峰拥堵时段。

二、餐厨垃圾的运输、卸料和储存

（一）餐厨垃圾转运、卸料

餐厨垃圾专用转运车（图 3-12）根据规划路线（图 3-13）进行转运，到达中转站后，在空载状态下，驶入中转站配置的餐厨垃圾自动计量系统地磅上，待车辆停止且地磅显示器显示读数稳定后，由车辆驾驶员刷卡打印两份小票记录空载数据（刷卡自动计量上传数据台账，地磅小票则交由地方政府作为原始台账凭证留存）。

图 3-12　餐厨垃圾专用转运车

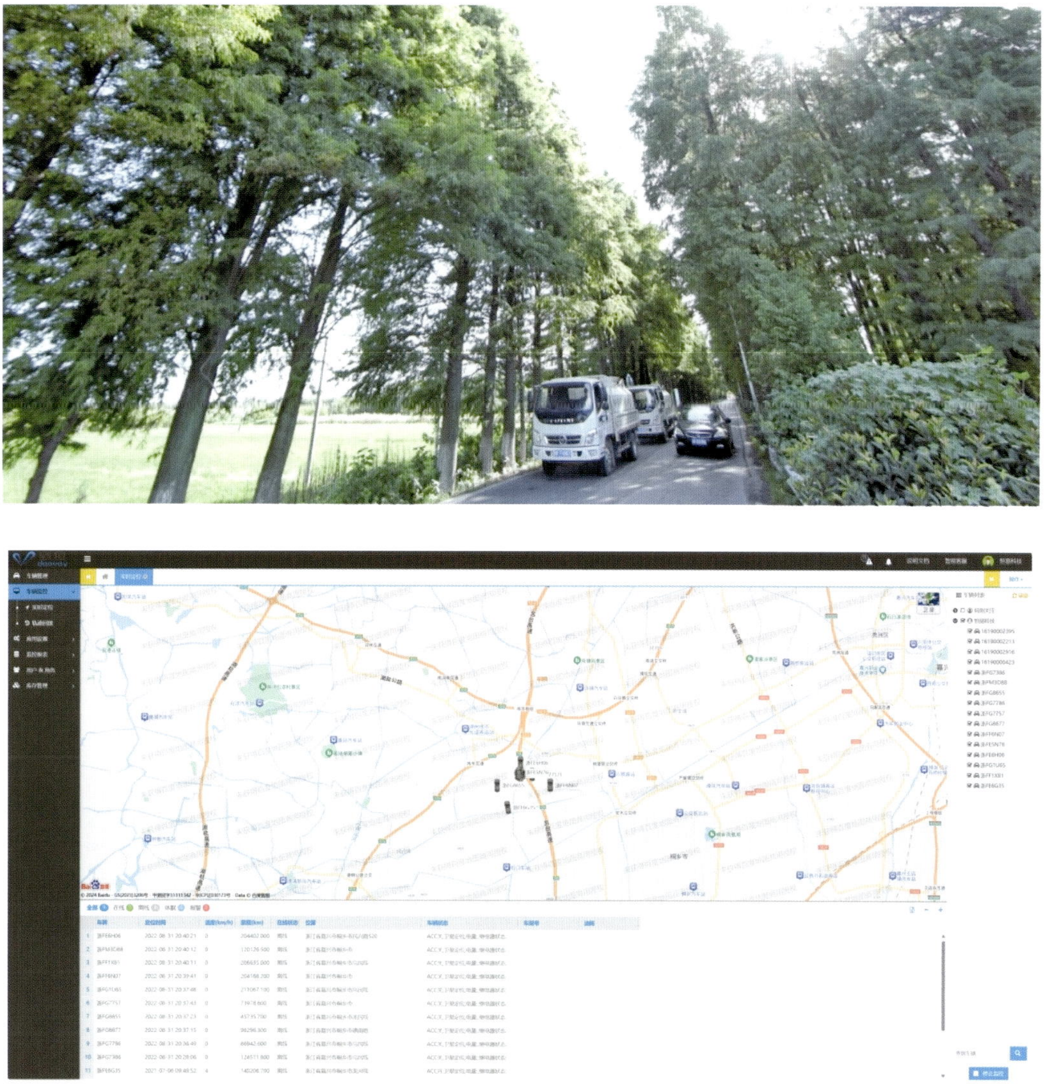

图 3-13　收集线路图

空载车称重完毕后，由中转站负责人开启站点封闭卷帘门，同时操作“2”层按键将专用储存自卸提升机（图 3-14）料斗提升至指定高度约 3.5 m，而后由驾驶员操作液压后进料舱门操作杆将车辆后进料舱门打开，按照地面引导线，后进料舱门对准提升机卸料口，倒车驶入中转站卸料区。车辆完全停止后，驾驶员拉起手刹（防止卸料过程溜车导致餐厨垃圾泄漏）。由中转站操作员打开提升机密闭液压门，同时开启提升机输送绞龙正转，将餐厨垃圾卸料至专用转运车中（图 3-15）。转运车装料完成后，驶离卸料区，关闭后进料舱门后，再次驶入自动化计量系统地磅上，待停稳后刷卡打印两份小票，其中一份交由中转站工作人员后，驶离中转站向处理中心出发。中转站工作人员根据车辆情况，及时关闭提升料斗密闭液压门及输送绞龙，并按“1”层按钮复位提升机。车辆驶离后，及时关闭卸料区卷帘门防止臭气外溢，并做好台账的登记工作，便于后期的校对核验。

图 3-14　专用储存自卸提升机

图 3-15　中转站内部转运车辆装料

在中转站收集转运时，中转站管理人员开具《餐厨垃圾无害化处理移交单》，核对无误后，中转站管理人员与运输人员共同在《餐厨垃圾无害化处理移交单》上签字确认。

餐厨转运车辆到达处理中心后，驾驶员将《餐厨垃圾无害化处理移交单》交由处理中心管理人员核对并保存（图 3-16）。核对无误后，由餐厨垃圾专用收运车道进入处理中心。

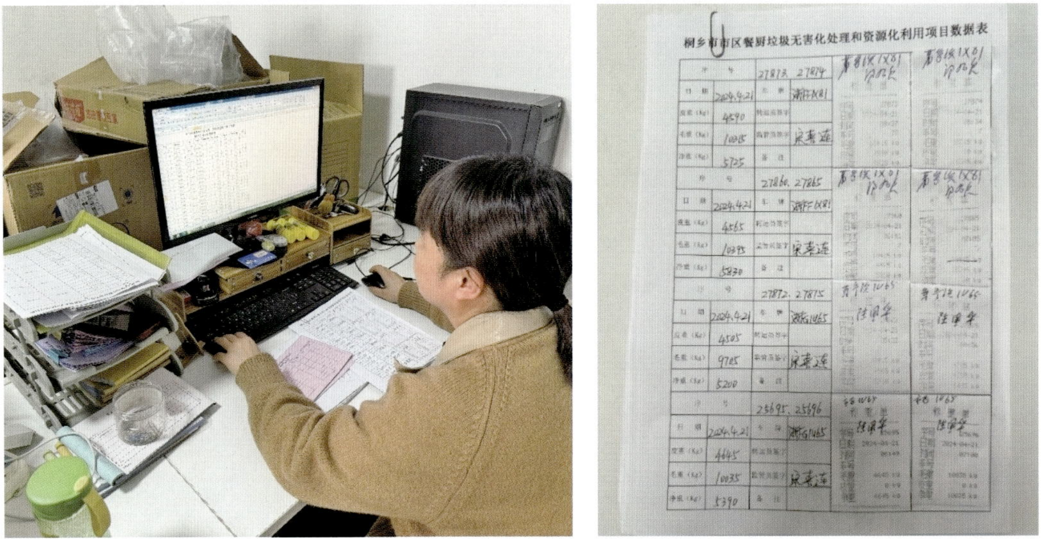

图 3-16　留存原始单据核对

处理中心卸料区操作员随即开启卸料区卷帘门及提升机卸料口卷帘门，同时车间卸料区门口风幕机自动联动启动，防止臭气外溢。转运车驾驶员依据操作员指引，按照地面引导线倒车驶入卸料区，待停车到位拉起车辆手刹。驾驶员下车查看周围情况，确认无误后，操作安全锁操作杆，开启收运车卸料尾门锁定装置。紧接着操作收运卸料尾门液压操作杆打开卸料尾门，开启后，驾驶员操作料斗顶升操作杆，将餐厨垃圾倾斜倒至处理中心提升机料斗中完成卸料（图 3-17）。一切操作完毕后，按上述倒序反向操作液压杆，复位收运车料斗，并将中转站打印小票交由处理中心操作员进行登记，驶离卸料区继续收运。

图 3-17　处理中心内部转运车辆卸料

（二）餐厨垃圾暂存

餐厨垃圾往往是集中时间段收运。因此，根据该特性设计了餐厨垃圾提升机接料斗（图 3-18）及暂存池，从而给予生产线足够的处理时间，减少收运车辆等待，进而保障餐厨垃圾的收运效率。

餐厨垃圾收运系统配套的中转站提升机接料斗、收运车车厢以及处理中心提升机接料斗均具有统一的标准，以保证每车次快速、精准、不重复卸料。其中，接料斗设计容量依据处理地区餐厨垃圾量而定，桐乡地区接料斗设计容量为 5 t。

图 3-18　餐厨垃圾提升机接料斗

由于餐厨垃圾具有高盐、弱酸的特性，故而餐厨垃圾箱体材料全部采用不锈钢制成，以避免腐蚀。

桐乡市餐厨垃圾处理中心配备有多功能储存配送池（图 3-19），配送池内部结构如图 3-20 所示，可储存餐厨垃圾容量为 100 t（桐乡市日产餐厨垃圾约 150 t）。餐厨垃圾转运车将垃圾卸料至处理中心提升机料斗后，由操作员通过观察卸料区监控是否可以提升卸料，同时告知中控操作员，而后操作提升机“2”层按钮（图 3-21），将提升机接料斗提升至暂存池进料口，确认防坠装置自动伸出到位后，打开暂存池进料口卷帘门后，操作料斗推出按钮将提升机接料斗完全伸出至暂存池，操作打开密闭液压门正转启动料斗输送机，将接料斗中餐厨垃圾转移至暂存池中。

图 3-19　餐厨垃圾储存配送池

图 3-20　储存配送池内部结构

在餐厨垃圾储存配送池底部，安装有可调速无轴螺旋输送机用于向处理生产线输送原料。配送池侧面斜板则安装有不锈钢滤网，可提前将餐厨垃圾浆液进行过滤。过滤后，浆液直接由定制的切削泵泵送至后续处理工序。该设计可减少垃圾分拣时的含水率及后续工序负荷，从而降低分拣后餐厨垃圾含水率，这也是餐厨垃圾减量化中的一项关键举措。

图 3-21　中控自动化提升物料

三、多级分拣技术及设备

（一）一级粗分选

在餐厨垃圾处理中，大物质粗分选机主要是把餐厨垃圾中可回收利用或不利于后续处理、处置的物料（如塑料垃圾袋、玻璃塑料瓶、大颗粒其他垃圾等）分离出来，是固体废物处理工程中的重要环节和重要设备之一。其主要结构特点如下。

（1）集破袋、破碎、筛分为一体，结构简单，制造维修方便，调节能力强，适合不同的处理规模，更利于推广应用。

（2）筛筒内部没有主轴，采用空心螺旋，整台设备有外罩遮挡，因此具有防缠绕的作用（图 3-22）。

（3）采用卧式结构，倾斜安装，通过安装倾角和筛筒转速来共同调整物料在筛筒内的停留时间。

（4）筛筒直径大、转速低、运转平稳、噪声小。

（5）全自动分拣，设计处理能力为 20 t/h，效率非常高。

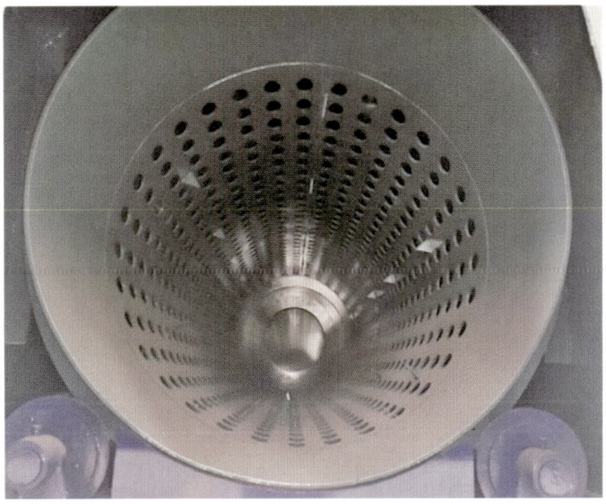

图 3-22　筛筒结构

大物质分选机主要结构包括机座、筛筒、破袋装置、电机、传动装置及支撑装置等。其中，机座采用槽钢焊接，筛筒用板材组装焊接，筒体上根据不同垃圾的分选要求设计有不同直径的筛孔，筒体内部设有导料、破袋和破碎刀及固体分选出料口。

一级粗分选的具体工作原理：筛筒旋转使得餐厨垃圾在筛筒内发生翻滚、摩擦、碰撞、撕扯，筛筒内置的破袋刀机构使物料提升和抛散，物料在筛筒内前进过程中进行破袋、剪切、分散，进而保持较大限度的筛分；筛分后的物料从筛筒的不同位置被分离出来，输送到后续处理单元，进而实现餐厨垃圾在同一台设备内的破袋、破碎和筛分。

一级粗分选具体操作步骤：生产线整理准备完毕后，由中控室操作员发出指令，现场操作员打开储存配送池密闭液压门，餐厨垃圾由配送池输送至分选机中，分选机中的破袋刀片将餐厨垃圾塑料袋破碎后，利用设备中的分拣筛分选出不同尺寸的垃圾。其中，大于 8 cm 的生活垃圾如塑料垃圾袋、玻璃塑料瓶、大颗粒其他垃圾等无法从圆筒筛网中穿过，分选出后直接经生活垃圾出料口排出（图 3-23），再由无轴螺旋输送机输送至生活垃圾减量区。而小于 8 cm 的生活垃圾，穿过圆筒筛网后，由无轴螺旋输送机输送进入高速制浆除杂分选一体机进行制浆（图 3-24）。

图 3-23　分选后餐厨垃圾中的生活垃圾

图 3-24　大物质分选机整体结构

（二）粉碎制浆

粉碎制浆是将餐厨垃圾制成小于 7 mm 的餐厨垃圾浆液，其目的是将餐厨垃圾充分分解以便于在后续工艺处置。同时，在高速螺旋刀片离心作用下将餐厨垃圾中的轻质塑料生活垃圾进一步分离。

粉碎制浆的主要设备为制浆除杂分选一体机，主要由转子、动刀、定刀、筛网、液压开门机构、电机皮带驱动系统等组成（图 3-25、图 3-26），处理能力为 10 t/h。制浆主轴分离轴为 304 不锈钢材质，主轴上装有特制锰钢制成的动刀片，设备主体上则装有同样特制锰钢制成的定刀片（图 3-27）。在动刀和定刀的旋转切削作用下，将餐厨垃圾制成浆液。筛网采用 8 mm 厚的 304 不锈钢板折弯冲孔成型（图 3-28），组合旋转式设计，主轴全部装配完成后做动平衡处理，以保持设备运行时的稳定。设备舱门开合方式为液压开启，整个开启过程仅需 60～70 秒。主要是便于设备内部的检修与动刀、定刀的检修及更换。开合器上设有限位顶板及安全开关，可以有效保护人机安全。

图 3-25　制浆除杂分选一体机

图 3-26　制浆机内部结构（液压门开启后）

图 3-27　定制合金刀片
（高强度刀片防止自身破碎损坏设备）

图 3-28　制浆机筛网（8 mm）

粉碎制浆的主要原理：在主轴出料位置把叶片焊接成螺旋推进形状，在高速螺旋刀片的推进作用下，将物料分成两部分。其中，密度大的重物料在底层沿圆周切线方向被叶片刮出，而密度较小的部分则在螺旋刀片作用下，沿设备主轴径向出料口排出。

工作时，经过大物质分选机分拣后的餐厨垃圾从制浆除杂分选一体机上部进料口进入，经其内部螺旋推进至粉碎部位，在高速动刀片与定刀片的切割破碎作用下，密度较大的餐厨垃圾由重力作用穿过制浆机筛网自动落入下方浆液沉沙箱，而密度较小的轻质塑料生活垃圾等在螺旋动刀片作用下，处于转轴轴心附近，被螺旋推进至制浆除杂一体机末端出渣口排出，排出后再由无轴螺旋输送机输送至生活垃圾减量区做进一步的减量化处理。

（三）沉沙除沙

粉碎制浆后的浆料中仍然含有很多密度大于水的渣料，大部分主要为玻璃和陶瓷碎渣，这样无疑增加了后续处理设备的负担，导致设备使用寿命大大缩短。因此，餐厨垃圾粉碎制浆后还需经过沉沙除沙处理，主要通过餐厨垃圾沉沙箱实现。沉沙箱的主要结构包括搅拌机构、箱体、中间隔板及沉沙输送机构等。其中，为防止餐厨垃圾浆液腐蚀，箱体由 304 不锈钢材料制成。箱体分成两部分，浆液沉沙区及浆液暂存区中间由隔板隔开。搅拌机构安装于浆液沉沙区，用于加速沉沙的沉淀，提高沉沙效率。沉沙输送机构由无轴螺旋输送机组成，并采用防堵设计，其作用主要是将沉沙自动分离并排放至生活垃圾暂存箱中，进而作为其他垃圾运往焚烧厂处置。该餐厨垃圾沉沙箱的设计具有高效、能耗低的特点，从而以最简单的机构保障后续处理设备的使用寿命。

沉沙箱的主要工作原理：利用物质的密度差异，在搅拌机构的加速作用下，密度较大的物质沉淀，密度较小的则随餐厨垃圾浆液溢过中间隔板，从而达到沉沙除沙的目的。具体过程为：由制浆除杂分选一体机分离后的餐厨垃圾浆液，由其出料口进入沉沙箱，在搅拌桨叶的作用下，加速使大部分玻璃和陶瓷碎渣沉淀，沉淀后由不锈钢无轴螺旋输送机排出至生活垃圾暂存箱中。密度较小的餐厨垃圾浆液由中间隔板漫溢至浆液暂存区，待容量达到一定程度后，由定制的不锈钢浆液泵，泵送至粗筛机，进行二次精细分选（图 3-29）。

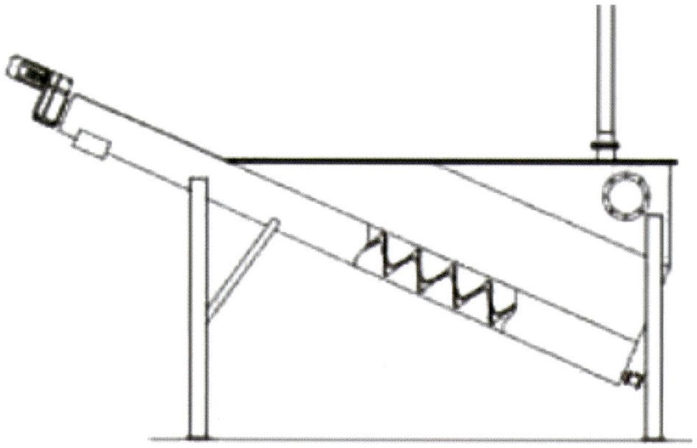

图 3-29 沉沙箱原理图

（四）二级精细分选

二级精细分选主要用于去除地沟油中较大的轻质杂物，如筷子、瓶盖、塑料制品等。由于去除了较大杂物，可以大大减轻后道工序油水分离机的负担，提高分离机的处理量、分离效果及叶片的耐磨性。二级精细分选主要通过全自动、可连续运行的粗筛机进行，其结构主要由进料箱体、筛网、焊接有高硬度合金刀片的主轴及驱动系统组成（图 3-30）。

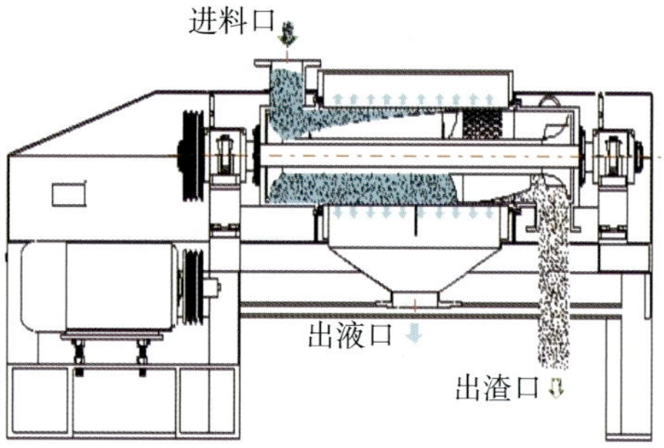

图 3-30 粗筛机外部整体及内部结构示意图

餐厨垃圾浆液经沉沙后，由浆液泵泵送至粗筛机上方进料口，在高硬度合金螺旋刀片高速旋转推进下，餐厨水和油的混合液以及细小的固体杂质通过滤网流入液体出料口，进入浆液暂存箱待下一步处理工序。而浆液中固相较大的生活垃圾杂质则被截留在滤网上，形成滤饼层，在螺旋叶片的推动下从设备末端出渣口排出，进入固相杂质收集斗。所有进料、分离、出液、排料工序均为自动连续完成。

（五）生活垃圾减量化

通过一、二级分选分拣出的生活垃圾往往含有较高的水分，其含水率一般在 40%左右，不利于进行焚烧处置，且生活垃圾液相中油脂含量也比较高，对其进行脱水减量处理后，可作为资源进行回收利用。因此，也有必要设计生活垃圾减量系统。生活垃圾减量化处理主要通过螺旋挤压脱水机及生活垃圾暂存箱实现。

其中，螺旋挤压脱水机主要由螺杆、圆筒形笼式外壳和锥体三部分组成，由挠性联轴节将螺杆轴与减速器的输出轴连接（图 3-31）。

图 3-31　生活垃圾螺旋挤压脱水机

（1）螺杆由节螺纹和轴环交替地套在螺杆轴上组成。每节螺纹和轴环分别用键固定在螺杆轴上。螺纹除第一节（进料区）为三圈等距连续螺纹外，其余各节均为单圈开放式，各节螺距均不相同，由低压侧到高压侧逐渐缩小，轮毂直径则逐渐增大以增加压力，进而挤出物料中的水分。

（2）圆筒形笼式外壳由固定在骨架上的笼条组成的蓖子板构成。蓖子板分为 8 段，每段长度不等。圆筒内径为 DN400，在垂直中心线上分成两半以螺栓紧固，以便于清洗和拆卸维修。

（3）锥体是设置在出料区的锥形圆筒，可前后移动以便与固定在螺杆轴上的环相配合。通过锥体的前后移动来相应增减出口锐孔的面积，以改变机内的压力，从而调节物料的脱水率。锥体的移动可通过气缸组带动，也可通过手动调节。

生活垃圾暂存箱由无轴螺旋输送机及 35 m^3 容积的不锈钢料斗组成，其底部装有过滤筛网。生活垃圾在暂存箱中利用其自身自重，进一步固水分离，从而降低含水率（图 3-32）。

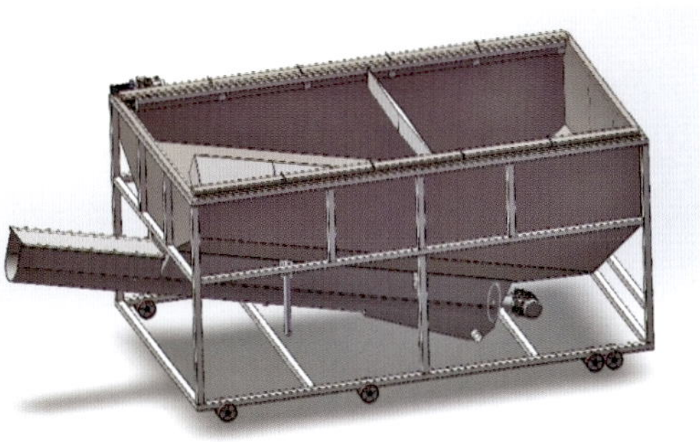

图 3-32　生活垃圾暂存箱

餐厨垃圾分拣后的生活垃圾分别从大物质分选机、制浆机、沉沙箱及粗筛机中分选出来，经过各条输送机输送汇总至螺旋挤压脱水机中，在锥度螺旋轴和变径螺旋的挤压作用下，浆液从楔形筛网中滤出，重新流回沉沙箱浆液暂存箱。而固相料则不断被压缩，含水率逐渐下降，最后再经过无轴螺旋输送机输送至生活垃圾暂存箱内进一步脱水，脱水后的生活垃圾占比约为 11%。

第四章　餐厨垃圾干热水解三相分离关键技术

热水解技术是指在一定温度和压力的环境下，将反应容器中一些难分解、大分子有机物进行水解反应，分解成各种小分子有机物。热水解分为固体物质溶解液化和有机物水解两个过程。在一定温度和压力的作用下，一些固体有机质结构被破坏，从而释放出结构里的毛细水、表面吸附水和内部的结合水等，使固体有机物质达到液化的效果，同时里面的有机分子（如蛋白质、碳水化合物和脂类等）会发生水解反应，转化为易溶的小分子物质（如氨基酸、单糖和小分子脂肪酸），使餐厨垃圾中有机物充分溶解和释放。

相比好氧堆肥和厌氧发酵两种传统的餐厨垃圾资源化处理工艺，热水解技术采用纯物理化学手段，处理过程并无微生物作用的过程，且设备条件要求低、工程建设简易、处理停留时间短，大大降低了场地的使用和成本。其高温热水解的高温高压条件达到了灭菌条件，足够有效杀灭餐厨垃圾中的细菌、虫卵和杂草种子等，有效减少了餐厨垃圾传统资源化处理工艺中出现的环境问题以及微生物造成的有机资源损耗[1]。

一、干热水解关键技术

（一）干热水解技术工艺优点

桐乡恒易环保科技有限公司创新采用先进的“干热水解生物转化法”工艺，具有高自动化、低工作强度、低废水产生量等特点。与目前市场和生产上餐厨垃圾处理绝大部分采取的湿热水解工艺相比，优势明显。餐厨垃圾湿热水解技术主要通过高温高压的作用改变餐厨废弃物的物理性质，从而提高其生物可利用性的预处理方法，由于在水热条件下水的密度、离子积、黏度及介电常数发生急剧变化，分子间的氢键作用减弱导致对有机物的溶解度增强，极大改善了餐厨废弃物的固液、油水分离特性和理化性质，使其成为处理餐厨废弃物的理想介质。湿热水解可以有效缩短餐厨垃圾的水解，改变物料中蛋白质、碳水化合物及油脂的物理化学性质，提高后续生物处理效率。但在湿热水解工艺中，水蒸气与餐厨垃圾通过直接接触进行加热，水蒸气凝结后变成污水，增加了污水的产生量，也一定程度上加重了处置成本。

“干热水解生物转化法”工艺是将分选后的餐厨垃圾浆液，泵送至干热水解罐，通过蒸汽发生器产生蒸汽，间接作用于干热水解罐进行加热（减少餐厨废水的产生），利用干热水解将精细分拣后的产物进行杀生灭菌，有机物料进行水解。通过匀浆罐调制后的物料分批投加到热解罐后，进行高温蒸煮灭菌，同时，依据密度的不同，将油脂进行粗分层，可以有效减少餐厨垃圾处理过程中的废水（图 4-1）。

图 4-1　“干热水解技术”设备

（二）干热水解设备及供能

在餐厨垃圾干热水解处理系统中，干热水解通过循环利用餐厨废水厌氧处理系统产生的沼气，将沼气蒸汽发生器产生的蒸汽用于干热水解加热，该干热水解装置由若干个干热水解罐组成（图 4-2），每个干热水解罐设有进料口、废气收集口、出料口、视镜口、内外盘管道及搅拌等装置。每个干热水解罐的容量以 15 m^3 为宜，数量与处理能力相适应。罐体表面应采用符合 GB/T 17393 且导热系数不大于 0.08 W/（m・K）的不燃类保温材料进行保温。进料方式采用不锈钢泵送方式，宜采用变频调速控制进出料速度。加热方式采用蒸汽内外盘管道间接加热，蒸汽不与餐厨垃圾直接接触，从而减少污水产生量。

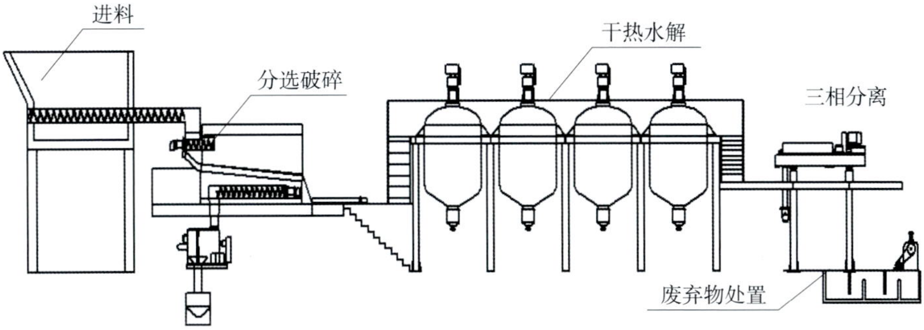

图 4-2　干热水解处理系统示意图

（三）干热水解影响关键因素

温度是影响餐厨垃圾热水解的重要因素。温度越高，餐厨垃圾热水解效果越好。干热水解温度为 90℃时，餐厨垃圾部分有机质与水发生反应，游离水进入固相成为其他形式的水，导致脱水率下降。120℃和 140℃时，有机物水解速率提高，毛细管结合水、表面吸附水和内部水转变为游离水，脱水率上升。90℃和 120℃时热水解通过增强垃圾分子移动性，使脂质由固相内部浸出进入液相，形成可浮油，提高餐厨垃圾可浮油提取率；140℃时，高温促使脂质发生化学变化，发生水解或转变为乳化油，可浮油提取率下降。因此，在实际生产中应根据工艺和产品类型合理设置餐厨垃圾热水解温度。餐厨垃圾干热水解处理系统中温度控制在 80～100℃，时间控制在 1～2 h，搅拌速度控制在

20～30 r/min 为宜。

二、三相分离关键技术

（一）三相卧螺离心机工作原理及结构

餐厨垃圾干热水解处理系统中，餐厨垃圾通过一级分选、二级分选，将分选后的餐厨垃圾浆液泵送至干热水解罐进行高温水解，灭菌热解后的餐厨垃圾浆液通过泵送（图 4-3），输送至三相卧螺离心机（图 4-4）。

图 4-3　餐厨浆液输送泵

三相卧螺离心机利用离心沉降原理进行固液分离，由于没有滤网及滤布，不会引起堵塞，具有出泥快、排泥量大、可以密闭运行操作运行环境好、不需要频繁地加入冲洗水、可以自动控制操作方便、检维修周期长、费用低等特点。因此，三相卧螺离心机是餐厨垃圾进行无害化、减量化、资源化处理的首选。

图 4-4　三相卧螺离心机及控制界面

三相卧螺离心机结构主要包括柱锥段转鼓、螺旋输送器、BD- 油挡板、大端法兰和小端法兰等。其工作原理为：料液从右端小端法兰内的进料管进入，通过布料室进入离心机转鼓液池中，在强大的离心作用下，油水砂三相因密度不同而在液池中由内到外依次是油相、水相和固相，油相和水相通过左端大端法兰时，由于受到各组溢流挡板的导流影响，从出油通道和出水通道分别排出，固相则在螺旋输送器和转鼓转速差的作用下，由螺旋叶片推送至小端出渣口排出[2]（图 4-5）。

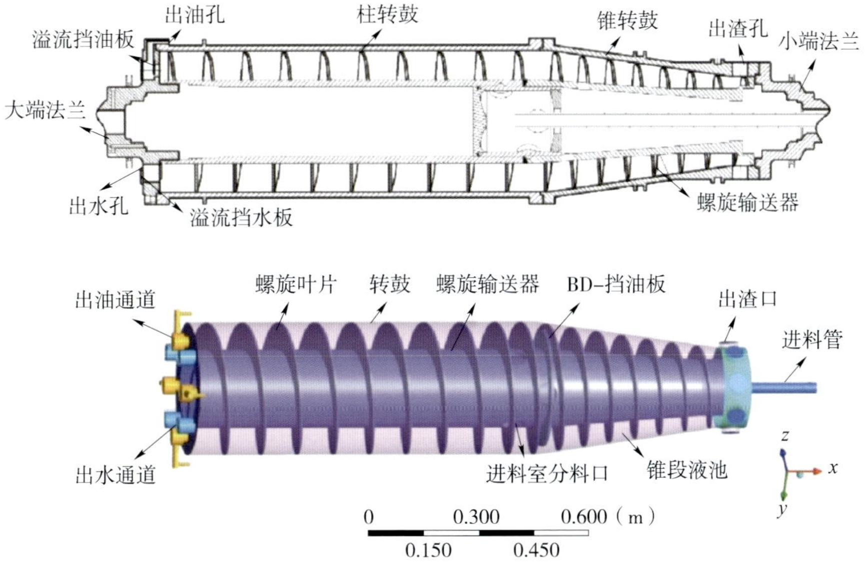

图 4-5　三相卧式分离机结构模型及流域模型[2]

（二）三相分离工艺和技术流程

三相卧螺离心机通过主电机带动转鼓全速旋转，餐厨垃圾浆液由进料管连续引入螺旋，均匀分布到螺旋出料口。在离心力作用下，固相物沉降到转鼓壁，由螺旋推料器向圆锥转鼓的出渣口推出，液相则沿螺旋向转鼓大端溢流孔流出，形成小端出固相大端出液相。将混合液中固体颗粒从液体中分离出来，或者是将二种比重不同且互不相溶的混合物液分离开。最终通过离心力的作用，将餐厨垃圾浆液分别分离出油脂、污水和有机固化物。

分离出的粗油脂，利用水油密度差和重力沉降原理，进入粗油脂过滤机，去除一些微小的塑料片等杂质，后进入储罐，经静置加热，水杂沉淀，沉淀的水杂通过下管排水杂后，可以出售；分离出的水通过污水处理系统进行处理后达标纳入污水管网，同时实现资源回收利用（沼气）；分离出的有机固化物进入资源再利用阶段（图 4-6）。

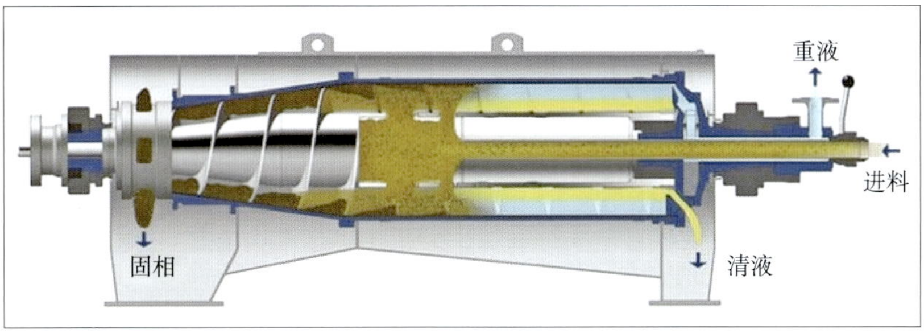

图 4-6　三相卧式分离机设备及工艺流程

（三）影响三相分离的关键因素

三相分离设备材质、设备技术特性以及离心效果是影响餐厨垃圾三相分离效果的重要因素。

1. 在设备材质、技术特性选择方面

由于经高温水解后的餐厨垃圾料浆固体颗粒细小，各相比重相差不大（油与水比较），离心机需要近 3 000G 的分离因数，才能取得较为理想的分离效果。为保证离心机运行稳定性和使用寿命，采用高强度、耐腐蚀性更好的双相不锈钢 SAF2205 材质。针对餐厨垃圾料浆中含有的盐类、玻璃碎片、砂石等具有腐蚀性和磨损性的物质，在转鼓出料口采用可以更换的耐磨合金瓦结构，螺旋叶片采用堆碳化钨镶硬质合金技术，在耐磨的同时，大大延长了转鼓出料口和螺旋体的使用寿命，相应提高了离心机运行的稳定性和可靠性。转鼓筒体内壁选用可更换的耐磨条结构，在防止物料在筒体内打滑的同时，也有效防止了转鼓内壁的磨损，有利于顺畅排料。此外，由于地域差异导致的饮食习惯上的不同，餐厨浆料中不可避免地存在着或多或少的诸如花椒籽、辣椒籽、塑料片等悬浮物，因此，有针对性地在螺旋体中增加了漂浮物阻隔器结构，可以在离心分离过程中把液相中的花椒籽、辣椒籽、塑料片等悬浮物有效阻挡住并使之从转鼓排渣口排出，大大降低了分离过程中油相和水相中的含渣量，提高固体回收率。

2. 在离心效果方面

温度越高，餐厨垃圾固相内部油脂液化浸出进入液相的效果较佳，可浮油含量增长越快、混合液体的黏度小、流动性也较好，固、液、液的分离效果也越好。实践证明，进料温度控制在 85～100℃为宜，过高或过低均会影响分离后的油中含水率、水中含油率以及渣相含油率等。此外，离心机转速越高，分离因数也就越高，三相分离效果也就越好。但当转速提升一定值后，再提高不但不能提高离心机的分离效果，反而增加离心机的功率损耗[3]。在餐厨垃圾干热水解处理系统中，三相分离主电机转速要求为 1 650～1 850 r/min，副电机转速要求为 825～925 r/min。

三、三相分离产物及特性

三相分离后的产物主要包括：固体餐厨有机质、油脂和废水。三者的主要特性如下。

1. 固体餐厨有机质（图 4-7）

含水率极高，变化范围为 54.8%～82.0%；pH 值呈酸性，总体波动性较小，变化范围为 4.2～5.4；电导率（EC）变化范围为 7.2～14.5 mS/cm；有机质变化范围为 62%～85.4%；总养分（氮磷钾含量）的变化范围为 3.7%～7.3%，其

图 4-7　固体餐厨有机质

中，全氮变化范围为2.31%～4.86%、全磷变化范围为0.9%～2.2%、全钾变化范围为0.26%～0.73%，具有一定波动性[4]。

2. 油脂（图4-8）

酸值（以KOH计）一般为30～50 mg/g，且化学性质不稳定，贮藏时间较长，容易产生酸败现象。粗油脂的回收，可在80～100℃下加热，后使用离心机分离，能得到纯度达98%以上的毛油，也可通过脱胶、脱酸、脱色、脱臭工艺技术，实现精炼油脂油品提升。毛油可以作为工业级混合油进行外售及制备生物柴油、生物航空燃料。此外，粗油脂可经脱水、过滤、脱色、皂化、盐析、水洗及干燥定型制成肥皂。

3. 废水（图4-9）

废水有机污染物的化学需氧量（COD）为120 000 mg/L左右，总悬浮固体（TSS）为15.5～21.4 g/L，挥发性悬浮固体（VSS）为13.8～19.6 g/L，pH值为3.59～4.12，钙含量为1 080～1 243 mg/L，镁含量为95.2～107.8 mg/L，铵态氮（NH_4^+-N）含量为268～383 mg/L，总氮（TN）含量为1 658～2 098 mg/L，总磷（TP）含量为76.5～89.3 mg/L，电导率为8.98～12.4 mS/cm[5]。经恒易环保检测，餐厨垃圾废水的有机污染物COD、铵态氮和总氮质量浓度可分别达到120 000 mg/L、3 000 mg/L和2 000 mg/L左右。说明餐厨垃圾处理产生废水是水质富营养化的重要污染源头，如果处理不当，会造成一系列的环境问题。

图4-8　油脂

图4-9　废水

参考文献

[1] 吴坤丽，王玉忠，王润沛，等．餐厨垃圾热水解资源化技术在农业领域的应用．资源节约与环保，2022（9）：127-131.

[2] 朱明军，胡大鹏．三相卧螺离心机设计分析及结构参数对分离效果的影响．化工学报，2021，72（4）：2113-2122.

[3] 李强．三相离心机在餐厨垃圾分离行业中的应用．过滤与分离，2017，27（3）：34-36，

48.
[4] 陈平，张美兰，梁晶 . 厨余垃圾工业化产沼工艺各阶段固态残余物营养特性研究 . 环境卫生工程，2021，29（6）：41-49.
[5] 闫林涛，黄振兴，肖小兰，等 . 厌氧膜生物反应器处理高浓度有机废水的中试研究 . 食品与生物技术学报，2015，34（12）：1248-1255.

第五章　餐厨垃圾废水处理关键技术

针对餐厨垃圾处理过程中产生废水的物化特性，恒易环保把废水首先经过厌氧处理，利用厌氧微生物的降解作用使污水中有机物质得以分解，处理后污水中 COD 值可降至 10 000 mg/L 以下，同时产生沼气。其次，厌氧处理后，污水进入好氧处理环节，进一步去除污水中的有机污染物，同时去除污水中绝大部分有机和无机氮素。最后通过化学处理法（如废水中和处理法、废水的混凝处理法、废水的化学沉淀处理法、废水氧化处理法、废水萃取处理法等），去除污水中的磷元素，最终达到纳管排放标准（图 5-1）。

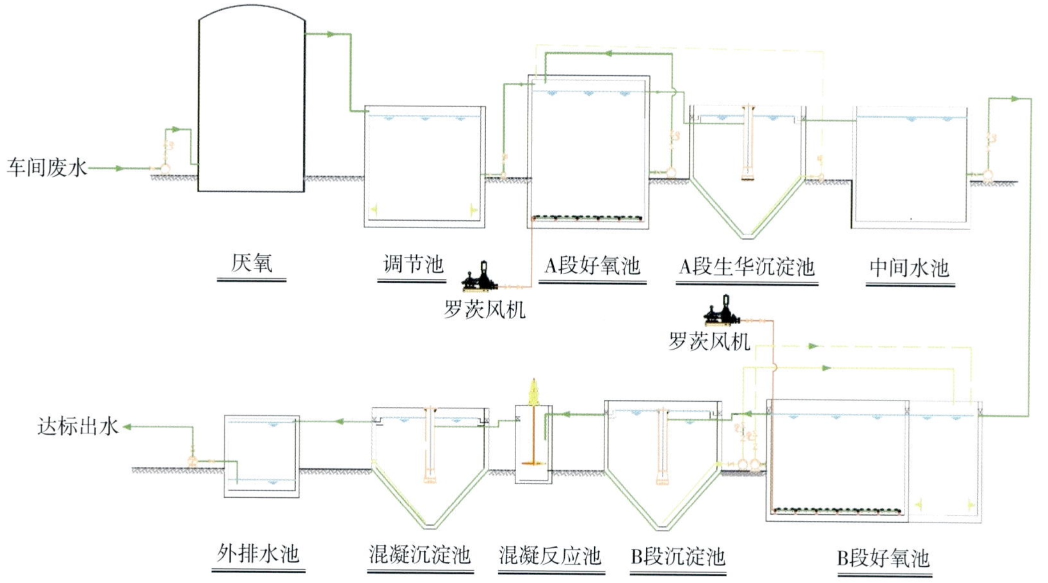

图 5-1　恒易环保污水处理流程图

一、餐厨垃圾废水厌氧处理工艺

（一）厌氧发酵技术工艺

厌氧发酵工艺是一种既产能又环保的工艺，已经广泛应用于废水、畜禽粪污、有机固体垃圾处理等领域。根据厌氧发酵反应器类型，厌氧发酵工艺可以分为全混式反应器（CSTR）、塞流式反应器（PFR）、升流式厌氧污泥床反应器（UASB）、升流式固体反应器（UASR）、竖向推流式厌氧反应器（VPF）等多种类型。目前，我国普遍应用的厌氧发酵工艺是全混式反应器（CSTR），其工艺技术更为成熟[1]。CSTR 典型厌氧发酵工艺流程如图 5-2 所示。

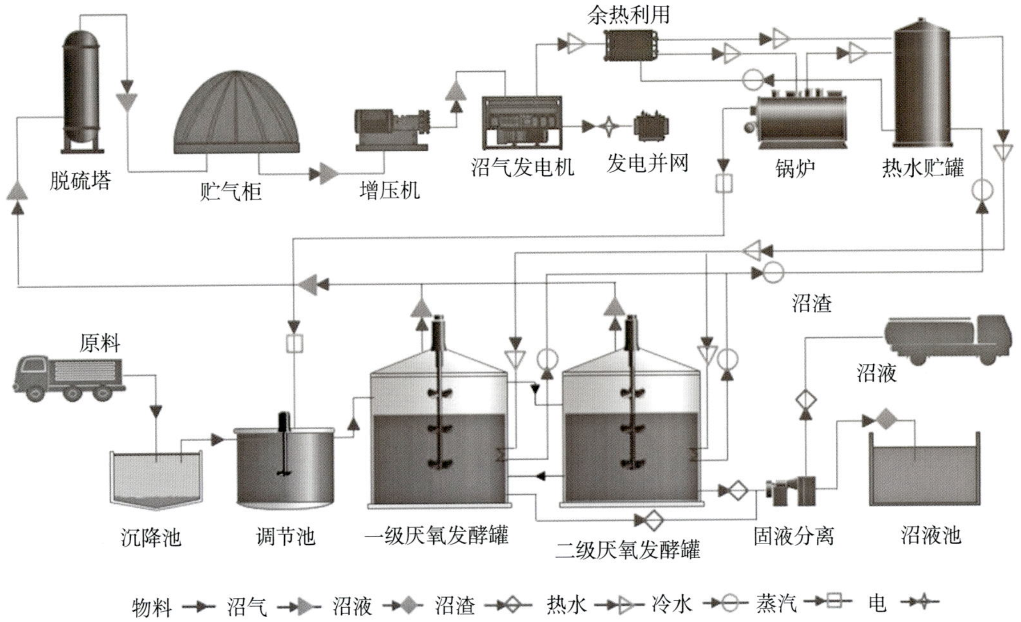

图 5-2　CSTR 经典厌氧发酵工艺流程[1]

恒易环保在餐厨废水处理中采用 CSTR1-CSTR2-USAB 多釜串联厌氧发酵反应器（图 5-3）。该反应器是由 2 个 CSTR 和 1 个 USAB 串联起来，上一釜的出口物料即为下釜的进料，物料从第一釜连续加入，顺次流过各釜，最终从最后一釜排出。多釜串联反应器既可以克服单个 CSTR 的返混大、反应物浓度低的缺点，又可以提高设备的效率，减少反应时间，提高反应质量，改变反应温度和压力，从而提高反应效率。

图 5-3　CSTR1-CSTR2-USAB 多釜串联厌氧发酵反应器

（二）多釜串联厌氧发酵反应器关键系统部件

（1）多釜串联反应器中，CSTR 是一种使发酵原料和微生物处于完全混合状态的厌氧处理技术。CSTR 是在一个密闭罐体内完成料液的发酵、沼气产生的过程。消化器内安装有搅拌装置，使发酵原料和微生物处于完全混合状态。投料方式采用恒温连续投料或半连续投料运行。新进入的原料由于搅拌作用很快与发酵器内的全部发酵液菌种混合，使发酵底物浓度始终保持相对较低状态，以降解废水中有机污染物，并去除悬浮物的厌氧废水生物处理器（图 5-4）。

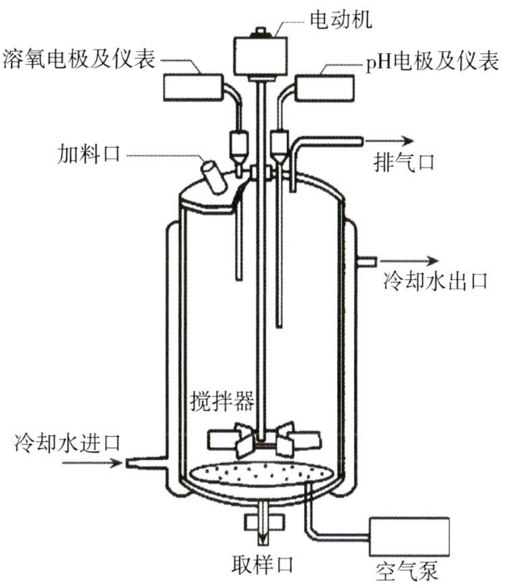

图 5-4　CSTR 装置模型

（2）多釜串联反应器中，UASB（图 5-5）是高效厌氧反应器中应用最广泛的反应器，具有负荷高、能耗低、可产生生物能等特点，被用于处理啤酒、酒精、制药、淀粉、化工、柠檬酸和碳酸饮料等行业排出的有机废水。UASB 由污泥反应区、气液固三相分离器（包括沉淀区）和气室三部分组成。在底部反应区内存留大量厌氧污泥，具有良好的沉淀性能和凝聚性能的污泥在下部形成污泥层。要处理的污水从厌氧污泥床底部流入与污泥层中污泥进行混合接触，污泥中的微生物分解污水中的有机物，把它转化为沼气。沼气气泡、废水和污泥形成的混合液会继续向上进入三相分离器中，沼气气泡被收集进入集气罩排出反应器，污泥则被截留并返回到反应区，废水则会继续向上进入沉淀区，最终通过出水系统排出反应器。

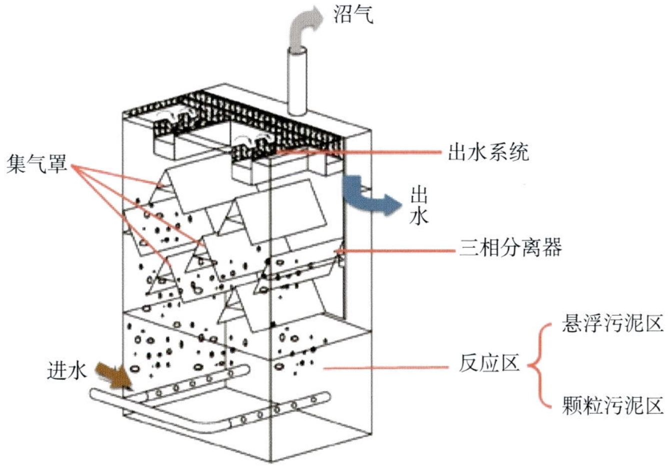

图 5-5　UASB 装置模型

（三）沼气脱硫关键技术

餐厨垃圾产生的沼气作为一种新能源，应用越来越广泛。我国环保标准中严格规定，使用沼气时，沼气中的 H_2S 含量不得超过 20 mg/m^3，必须尽可能地去除工业和民用气体中的 H_2S。当沼气从厌氧发酵装置中产生时，特别是在中高温下发酵时，它携带大量的 H_2S。由于沼气中仍有大量水蒸气，水和沼气中的 H_2S 共同作用，加速了金属管道、阀门、流量计的腐蚀和堵塞。此外，H_2S 燃烧后产生的 SO_2 与燃烧产物中的水蒸气结合形成亚硫酸，对设备的金属表面造成腐蚀，还污染大气环境，影响人体健康。因此，在使用沼气之前，必须除去其中的 H_2S。

目前，湿法脱硫工艺有铁基脱硫、碱法生物脱硫、干法脱硫、PDS 法脱硫 4 种。这 4 种湿式脱硫工艺的原理、优缺点、占地面积等情况如表 5-1 所示。

表 5-1　沼气脱硫不同工艺优缺点对比

脱硫工艺	铁基脱硫	碱法生物脱硫	干法脱硫	PDS 法脱硫
脱硫原理	又称之为络合铁脱硫，在碱性条件下，利用三价铁的氧化性将 HS 根转化为单质硫，三价铁溶液转化为二价铁溶液，脱除沼气中的硫化氢气体；然后脱硫塔内反应后的液体进入再生反应器，生成二价铁，利用氧气将二价铁氧化成三价铁，达到溶液再生，重复使用	分离式生物脱硫工艺是指：含硫化氢的沼气气体首先进入生物洗涤塔，在塔内与混合液中碱反应，先从沼气中脱除硫化氢，然后生物洗涤液进入生物反应器。将反应器中的硫化物转化为单质硫，同时碱液得到再生，重复使用。随着嗜盐脱硫菌的发现，分离式脱硫工艺得到长足发展。解决了一体式生物脱硫容易出现的硫填料易堵塞的问题。在沼气提纯 CNG 的工艺以及高浓度硫化氢的沼气处理工艺中，分离式脱硫工艺占有优势	沼气脱硫采用氧化铁干法脱硫工艺，具体化学反应如下： 氧化铁的脱硫反应如下： $Fe_2O_3 \cdot 3H_2O+3H_2S \rightarrow Fe_2S_3+6H_2OFe_2O_3 \cdot 3H_2O+3H_2S \rightarrow 2FeS +6H_2O$ 氧化铁的再生反应如下： $2FeS+3/2O_2+3H_2O \rightarrow Fe_2O_3 \cdot 3H_2O+2S$ $Fe_2S_3+3/2O_2+3H_2O \rightarrow Fe_2O_3 \cdot 3H_2O+3S$	利用碳酸钠碱液吸收硫化氢，利用磺化酞氰钴作为催化剂的湿式脱硫工艺。基本原理是将沼气中的 H_2S 吸收至溶液中生成 NaHS，以催化剂作为载氧体，使其氧化成单质硫，从而达到脱硫的目的
脱硫适用范围	普遍适用，脱硫精度高	普遍适用，脱硫精度一般。拥有配套的污水站	沼气流量小，浓度低	普遍适用，脱硫精度一般。拥有配套的水处理项目
工艺缺点	气体分布器易堵塞	填料易堵塞	有废料产生	填料易堵塞
		工艺控制要求高，生物菌种繁殖培育要求高	运行费用高	有副盐生成，有较多废水排放
工艺优点	化学湿式氧化法脱硫，脱硫反应速率快，脱除效率高。工艺控制简单	运行费用低	运行简单，无人值守	化学法脱硫，反应速率较快，工艺成熟

（续）

脱硫工艺	铁基脱硫	碱法生物脱硫	干法脱硫	PDS 法脱硫
三废情况	无废水排放	有废水排放	无废水排放	有废水排放
设备材质	全不锈钢设备 / 玻璃钢	全玻璃钢设备	全玻璃钢设备	碳钢设备
占地面积	设备群较小，占地面积适中	设备群庞大，占地面积大	设备单一，占地小	设备群庞大，占地面积大

恒易环保采用铁基脱硫工艺，用于去除甲烷排除气体中的硫化氢气体，具有无污染、能耗低、不需耗碱、脱硫精度高等特点。在铁基脱硫工艺中，沼气经增压风机加压之后，进入脱硫塔的吸收脱硫隔室，沼气中的 H_2S 进入反应隔室与催化剂中的 Fe^{3+} 反应并转化为单质硫，与此同时 Fe^{3+} 还原成 Fe^{2+}。

经过脱硫反应后的溶液进入氧化隔室，利用风机向氧化再生隔室鼓入空气中的氧，将 Fe^{2+} 氧化为 Fe^{3+} 后，和反应隔室 H_2S 继续进行吸收反应，实现沼气中 H_2S 再循环去除。在脱硫塔生成的单质硫在脱硫塔底部的锥形段沉降后，由硫污泥泵送至板框压滤机制成硫饼，脱硫后沼气经气液分离器送出界区外，该工艺不需二次脱硫，操作简单，设备使用寿命长（图 5-6）。

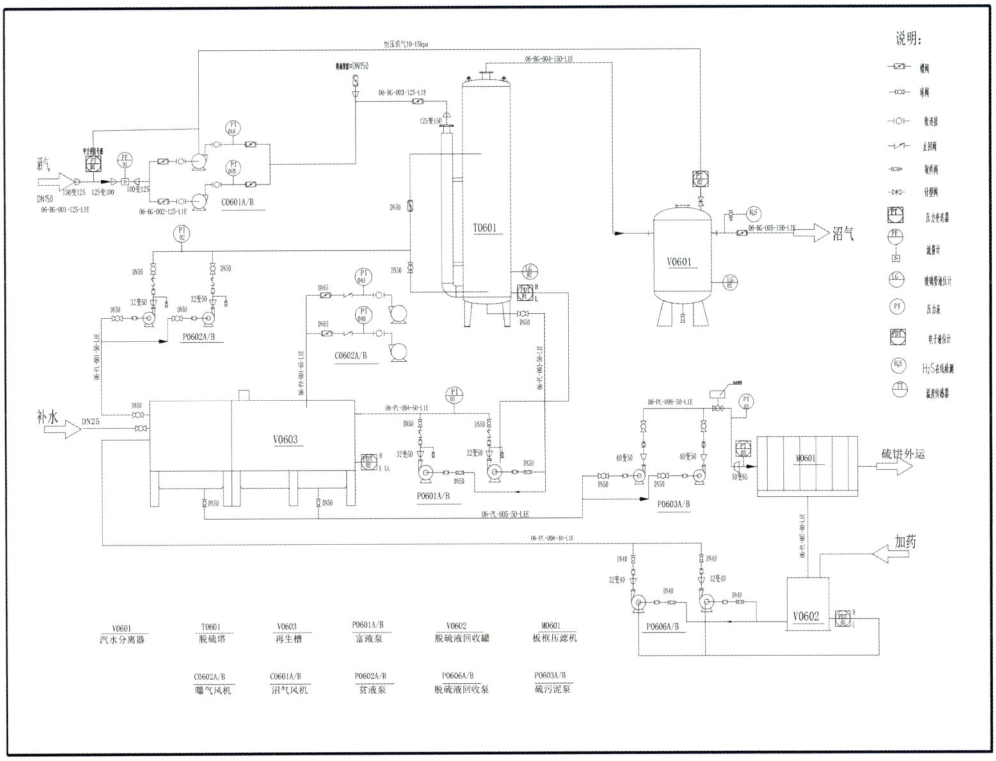

图 5-6　桐乡恒易环保科技有限公司 500 立方脱硫工艺流程图

二、餐厨垃圾废水好氧和化学混凝处理工艺

餐厨废水经过厌氧处理后达到大幅降低 COD 的效果，经过好氧处理和化学混凝处理，可以从污水中去除溶解性的和胶体状态的可生化有机物以及能悬浮的固体和其他一些物质，同时也能去除一部分磷素和氮素，达到排放标准（图 5-7）。

图 5-7 污水站加盖密封

（一）污水好氧处理技术

1. 活性污泥法处理技术

（1）活性污泥法原理。活性污泥法是一种常见的污水好氧处理技术，是以活性污泥为主体的废水生物处理的主要方法。这种技术将废水与活性污泥（微生物）混合搅拌并曝气，使废水中的有机污染物分解。向废水中连续通入空气，经一定时间后因好氧微生物繁殖而形成污泥状絮凝物，其上栖息着以菌胶团为主的微生物群，具有很强的吸附与氧化有机物的能力，然后使污泥与水分离，大部分污泥再回流到曝气池，多余部分则排出活性污泥系统。

（2）活性污泥法结构组成。典型的活性污泥法由曝气池、沉淀池、污泥回流系统和剩余污泥排除系统组成。污水和回流的活性污泥一起进入曝气池形成混合液。从鼓风机送出的空气，通过铺设在曝气池底部的空气扩散装置，以细小气泡的形式进入污水中，目的是增加污水中的溶解氧含量，还使混合液处于剧烈搅动的状态，呈悬浮状态。溶解氧、活性污泥与污水互相混合、充分接触，使活性污泥反应得以正常进行。

（3）有机污染物去除的不同阶段。

第一阶段，污水中的有机污染物被活性污泥颗粒吸附在菌胶团的表面上，这是由于其巨大的比表面积和多糖类黏性物质。同时一些大分子有机物在细菌胞外酶作用下分解

为小分子有机物。

第二阶段，微生物在氧气充足的条件下，吸收这些有机物，并氧化分解，形成二氧化碳和水，一部分供给自身的增殖繁衍。活性污泥反应进行的结果，污水中有机污染物（COD）得到降解而去除，活性污泥本身得以繁衍增长，污水则得以净化处理。

（4）生物脱氮。生物脱氮是指在微生物的联合作用下，污水中的有机氮及氨态氮经过氨化作用、硝化反应、反硝化反应，最后转化为氮气的过程。

氨化反应是指含氮有机物在氨化功能菌的代谢下，经分解转化为 NH_4^+ 的过程。含氮有机物在有氧和无氧的条件下都能被相应的微生物所分解，释放出氨。

硝化反应由好氧自养型微生物完成，在有氧状态下，利用无机氮为氮源将 NH_4^+ 氧化成 NO_2^-，然后再氧化成 NO_3^- 的过程。硝化过程可以分成两个阶段。第一阶段是由亚硝化菌将氨氮转化为亚硝酸盐（NO_2^-），第二阶段由硝化菌将亚硝酸盐转化为硝酸盐（NO_3^-）。

反硝化反应是在缺氧状态下，反硝化菌将亚硝酸盐氮、硝酸盐氮还原成气态氮（N_2）的过程。反硝化菌为异养型微生物，多属于兼性细菌，在缺氧状态时，利用硝酸盐中的氧作为电子受体，以有机物（污水中的 BOD 成分）作为电子供体，提供能量并被氧化稳定。反硝化过程可用以下方程表示：

$$5CH_3COOH+8NO_3^- \rightarrow 6H_2O+10CO_2\uparrow +4N_2\uparrow +8OH^- + \text{能量}$$

经过硝化和反硝化的分解作用，污水中的氮污染物得到降解而去除，污水得以净化。经过活性污泥净化作用后的混合液进入二次沉淀池，混合液中悬浮的活性污泥和其他固体物质在这里沉淀下来与水分离，澄清后的污水作为处理水排出系统。经过沉淀浓缩的污泥从沉淀池底部排出，其中大部分污泥回流至曝气池，以保证曝气池内的悬浮固体浓度和微生物浓度；增殖的微生物从系统中排出。

2. 两段式活性污泥法（AB 法）

恒易环保污水好氧处理工艺采用在典型活性污泥法基础上改良的两段式活性污泥法（AB 法），是吸附—生物降解工艺的简称，这是在常规活性污泥法和两段活性污泥法基础上发展起来的一种新型的污水处理技术。

（1）AB 法工艺的特征

AB 法工艺主要为 A 段与 B 段各自拥有独立的污泥回流系统，相互隔离，保证了各自独立的生物反应过程和不同的微生物生态反应系统。A 段在很高的负荷下运行，其负荷率通常为普通活性污泥法的 50～100 倍，污泥负荷较高。A 段对水质、水量、pH 值和有毒物质的冲击负荷有极好的缓冲作用，A 段产生的污泥量较大，占整个处理系统污泥产量的 80% 左右，且剩余污泥中的有机物含量高。B 段可在较低的负荷下运行，污泥龄较长。在 B 段曝气池中生长的微生物除菌胶团微生物外，有相当数量的高级真核微生物，这些微生物世代期比较长，并适宜在有机物含量比较低的情况下生存和繁殖。

（2）餐厨垃圾废水 AB 法处理的特性

由于餐厨垃圾废水的有机物含量高，AB 法处理工艺中的 A 段可以发挥其较高的抗冲击负荷能力，结合该阶段污水中同时含有较高的氨氮（2 500 mg/L 左右），A 段的有机物容积负荷可以设计在更合理的范围。经过 A 段处理后的废水中的 COD 可以降至 2 000 mg/L 左右，氨氮可以降至 100 mg/L 左右。B 段的处理选择传统的厌氧好氧工艺法（A/O 法），A（Anaerobic）是厌氧段，用于脱氮除磷；O（Oxic）是好氧段，用于去除水中的有机物。此时进入 B 段的废水有机物等污染物负荷已经大大降低，经过 B 段处理后，COD 可以降至 500 mg/L 以下，氨氮可以降至 5 mg/L 以下（图 5-8、图 5-9）。

图 5-8　废水好氧处置 1

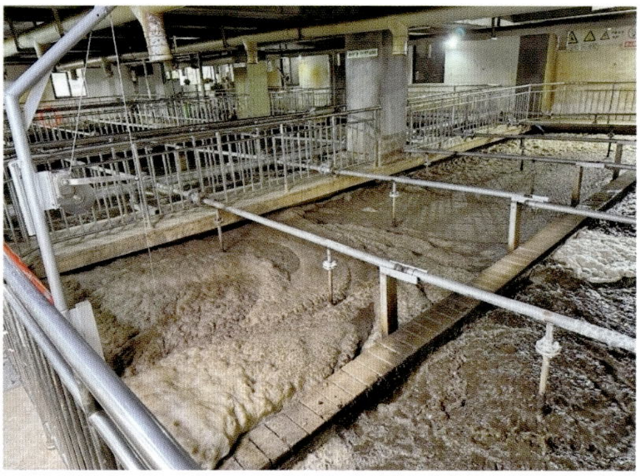

图 5-9　污水站好氧处置 2 曝气

（二）化学混凝处理技术

1. 废水化学处理技术

经过好氧处理的餐厨污水需要进一步去除水中沉降很慢或者能长期保持分散的悬浮状态而不能自然下沉的微小悬浮颗粒，如胶体粒子。一般通过化学反应改变废水中污染物的化学性质或物理性质，使它从溶解、胶体或悬浮状态转变为沉淀或漂浮状态，或从固态转变为气态，进而从水中除去的废水处理方法。

废水化学处理法可分为废水中和处理法、废水的混凝处理法、废水的化学沉淀处理法、废水氧化处理法、废水萃取处理法等。有时为了有效地处理含有多种不同性质的污染物的废水，可以将上述两种以上处理法组合起来。

2. 化学混凝处理技术

恒易环保采用化学混凝处理的方法，混凝系凝聚作用与絮凝作用的合称。前者系因投加电解质，使胶粒电动电势降低或消除，以致胶体颗粒失去稳定性，脱稳胶粒相互聚结而产生；后者系由高分子物质吸附搭桥，使胶体颗粒相互聚结而产生。混凝处理需要在废水中加入混凝剂，使水中悬浮物质或胶体颗粒，在静电、化学、物理的作用下聚集，加大颗粒的沉降速度，以达到分离的目的。混凝剂可归纳为两类：①无机盐类，有铝盐（硫酸铝、硫酸铝钾、铝酸钾等）、铁盐（三氯化铁、硫酸亚铁、硫酸铁等）和碳酸镁等；②高分子物质，有聚合氯化铝、聚丙烯酰胺等。通过化学混凝处理，可以将餐厨垃圾废水中的磷酸盐降至国家允许的排放标准以下（图 5-10 至图 5-14）。

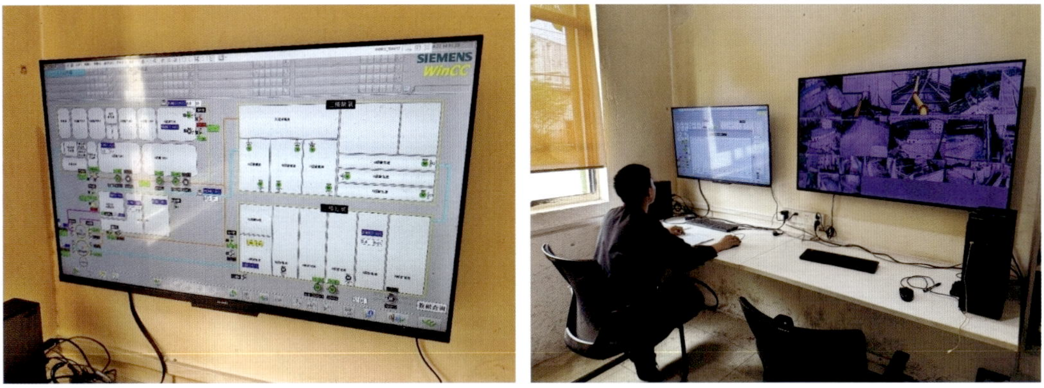

图 5-10　废水动态监控系统及实时动态监测

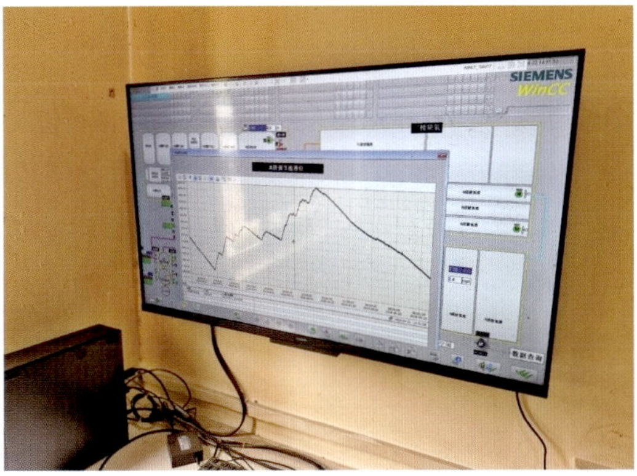

图 5-11　好氧溶氧实时监控曲线

图 5-12　外排前（终沉池）

图 5-13　餐厨垃圾污水处理水质监测

图 5-14　污水处理各阶段效果图
（餐厨原水—厌氧出水—好氧出水—净化后水）

参考文献

[1] 焦静，郑勇，李尊香，等 . 厌氧发酵在线监控技术研究进展 . 中国农业科技导报，2021，23（9）：87-95.

第六章　餐厨垃圾废气处理关键技术

餐厨废弃物成分复杂，在处理过程中会因通气不良及受到微生物的作用极易腐败、变臭，产生以 H_2S、SO_2 和 NH_3 为主，同时还有少量甲硫醇、甲胺、甲基硫等成分的恶臭气体。这些气体挥发性较大，易扩散至空气中，而且部分气体有毒、刺激性气味大，需进行废气处理。

一、餐厨垃圾处理废气产生特性

餐厨垃圾处理过程中废气产生源主要集中在餐厨废弃物处理车间和污水处理池等。废气处理过程就是将以上部分产生的多组分低浓度的恶臭混合气体进行吸收、破坏、降解或者隐蔽的过程。恒易环保经多批次检测，餐厨垃圾处理过程中的废气产生量如表 6-1 所示。

表 6-1　餐厨垃圾处理过程中的废气产生量

序号	处理项目	空间体积（m）	气体置换量（m^3/h）
1	餐厨废气物处理车间	66 × 16 × 9.8	10 350
2	污水处理	400 × 3 × 2	2 400
合计			12 750

餐厨垃圾处理过程中的废气处理主要包括集中收集和集中处理两个环节。针对不同场所产生废气的特性，采用不同的处理工艺，处理达标后排放。恒易环保在餐厨垃圾处理过程中的废气收集和废气处理工艺如下。

二、废气收集

（一）车间内废气收集

为了防止恶臭气体的泄漏，整个车间实行密闭管理，卸料区采取电动快速提升门，保证车间微负压运行。采用整体厂间分层送风和收集系统，保证整个车间有新风，恶臭易收集。

（二）废水处理系统废气收集

对污水处理设备中的初沉池、污泥浓缩池、污泥调理池做玻璃钢拱形加盖密封，依次对浓水储存池、应急池、浓水收集池、CASS 进水池的入孔用玻璃钢平板加盖密封，压滤房和格栅房应做整体密封，然后对以上空间做整体抽风，使系统内保持负压，废气不外溢（图 6-1、图 6-2）。

图 6-1 废水处理区废气处理设施设备

图 6-2 废水处理加玻璃钢盖及收集管道

三、废气处理——餐厨垃圾处理车间废气处理

（一）废气处理工艺

餐厨垃圾处理过程中所产生的臭气，由于其硫化氢和氨浓度较高，臭气量较大，且选址处对环境保护要求较高，单一的处理工艺无法对其进行彻底处理。因此综合考虑工程的经济性、实用性和可靠性，恒易环保餐厨垃圾处理车间采用“酸喷淋塔 + 碱喷淋塔 + 高密度等离子体 + 高空排放”进行处理。收集到的废气先通入废气进口，进入双级酸碱喷淋降解氨气和硫化物有效去除刺鼻恶臭，再进入高密度离子除臭设备，最后通过风机引至排气筒 25 m 高空达标排放。处理设备外观如图 6-3 所示。

图 6-3 餐厨垃圾处理车间废气处理设备设施

（二）废气处理主要设备结构及性能

1. 喷淋洗涤塔及循环系统

酸碱喷淋设备主体采用玻璃钢材料制作，循环水池附着于塔身，用循环水泵采用外循环方式进行。水泵采用复合防腐，配备减震器。废气由风管引入喷淋塔，经过填料层，循环水在塔底经水泵增压后在塔顶喷淋而下，最后回流至塔底循环使用。喷淋塔内填料层作为气液两相间接触构件的传质设备。填料塔底部装有填料支承板，填料以乱堆方式放置在支承板上。填料的上方安装填料压板，以防被上升气流吹动。喷淋塔喷淋液从塔顶经液体分布器喷淋到填料上，并沿填料表面流下。气体从塔底送入，经气体分布装置分布后，与液体呈逆流连续通过填料层的空隙，在填料表面上，气液两相密切接触进行传质。当液体沿填料层向下流动时，有时会出现壁流现象，壁流效应造成气液两相在填料层中分布不均，从而使传质效率下降。因此，喷淋塔内的填料层分为三段，中间设置再分布装置，经重新分布后喷淋到下层（图 6-4）。

图 6-4　喷淋洗涤塔及循环系统

2. 酸碱喷淋塔运行机理及结构组成

运行方式：酸碱喷淋塔主要运作方式是不断有有机废气及硫化物由风管引进净化塔，历经填料层、烟气与吸收液开展气液两相充分的接触吸收中和反应，有机废气及硫化物历经净化处理后，再经除雾板脱水除雾后由风机排至大气。吸收液在塔底经水泵增压后在塔顶喷淋而下，之后回流至塔底循环使用。净化处理后的有机废气及硫化物达到地方相关排放标准的排放要求达标排放。

酸碱喷淋塔结构组成：酸碱废气处理塔分单塔体和双塔体。采用了圆形塔体，用法兰分阶段相连接而成。具体由贮液箱、塔体、进风段、喷淋层、填料层、旋流除雾层、出风锥帽、观检孔等组成。酸碱喷淋塔外观如图 6-5 所示。

酸碱喷淋塔特点：一是加工工艺比较简单，工作管理、实际操作及修理非常便捷简约，并不会对生产车间产生任何的不良影响；二是压降较低，实际操作弹性大，且具有很好的除雾性能；三是净化处理实际效果好，有机废气及硫化物去除率更是高达 95% 以上。

图 6-5　酸碱喷淋塔外观

3. 高密度等离子体运行机理及结构组成

高密度等离子体运行机理：高密度等离子体技术，为基于三维透光等离子体—催化反应器在透光的非金属电极间施加电压 U，在极高电场的作用下产生具有三维紫外光线的高能粒子（活性物质浓度达 10 万亿个 /m^3）。高能粒子主要为离子（H_3O^+，O_3^-）、自由基（·O，·OH）、紫外光等高活性物质，这些高活性物质能够在微秒或毫秒级的时间尺度下对恶臭气体进行高级氧化反应，达到快速去除恶臭气体的目的（图 6-6）。

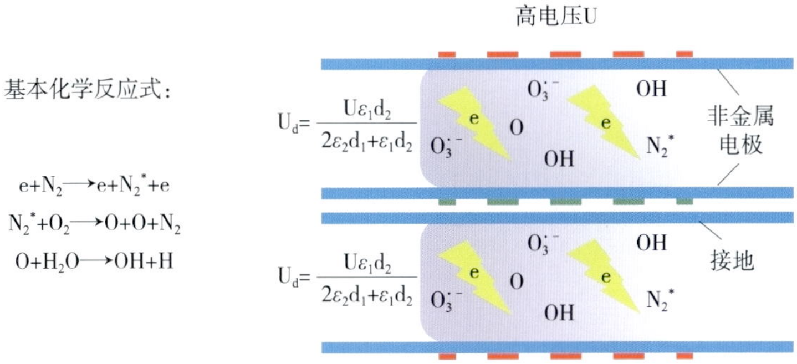

图 6-6　高密度等离子体运行机理示意图

高能离子除臭设备产生活性粒子，活性粒子与恶臭气体在管道内充分混合，同时瞬间发生反应（反应时间微秒级），将恶臭物质氧化成臭味很小的物质或基本不臭的物质，从而大大减轻恶臭的排放。高能离子除臭机理如下（以氧原子 O 为例）：

$$NH_3 + O \longrightarrow NO_x + H_2O$$
$$(CH_3CH_2)_3N + O \longrightarrow (CH_3CH_2)_3NO$$
$$RCH_3OH + O \longrightarrow RCHO + H_2O$$
$$RCHO + O \longrightarrow RCOOH$$
$$C_6H_5OH + O \longrightarrow C_6H_4(OH)_2$$
$$H_2S + 4O \longrightarrow SO_3 + H_2O$$
$$CH_3 - S - CH_3 + O \longrightarrow CH_3 - SO - CH_3$$
$$CH_3SH + 3O \longrightarrow CH_3SO_3H$$

另外，有些物质在高能粒子作用下，极性增加，水溶性增加，有利于后续水吸收。

高密度等离子设备结构组成：高密度等离子设备由高压发生装置、电控箱、风机、离子发生器组成，如图 6-7 所示。

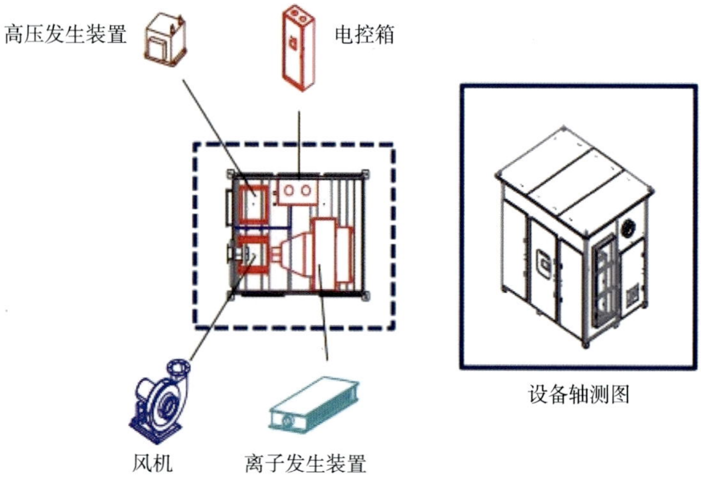

图 6-7　高密度等离子设备结构组成示意图

高密度等离子工艺特点：一是高能粒子活性浓度高，深度净化恶臭气体，废气处理效率高；二是基于自学习的智能化控制方法，设备集成化程度高，运行安全、可靠方便、使用寿命长；三是占地面积小、投资运行费用低；四是基于大数据的工艺参数优选，适用范围广。

四、废气处理——污水处理（好氧）产生废气处理

（一）废气处理工艺

污水站（好氧）主要废气成分是硫化氢、氨气等，污水站废气处理采用“酸喷淋塔—碱喷淋塔—次氯酸钠喷淋塔—高空排放”工艺设备。

（二）主要设备结构及性能

1. 酸碱喷淋塔运行机理、结构和特点

同上。

2. 次氯酸钠喷淋塔

（1）次氯酸钠喷淋塔运行机理。次氯酸钠卧式交叉流式洗涤塔以下简称次氯酸钠卧式喷淋塔。其适用于空间狭小的安装环境，多用于室内的安装。可用于处理可溶性气体、液态微粒、固粒状物、臭氧及恶臭类有机物。

（2）次氯酸钠卧式喷淋塔的工作原理。有害废气由离心通风机压入或吸入进风段，再流动至填料层，与次氯酸钠喷淋液接触反应。喷淋系统利用次氯酸钠液体作为循环吸收液，循环水从塔体上部的布水器喷淋至填料层，润湿填料表面形成流动的液膜。填料层内气液两相呈逆流流动，气液两相在塔体内逆流接触，利用有害气体及恶臭有机物在

吸收剂中一定的溶解度，可溶的部分不断融入吸收液中，达到降解气体中有害组分含量及恶臭有机物质的目的。有害废气不断被吸收或是被化学反应去除，浓度在流动过程中逐渐降低，到塔侧部时达到吸收要求排出塔外。

（3）次氯酸钠喷淋塔特点。一是次氯酸钠卧式喷淋塔占用空间小；二是能耗低：耗水耗电低；三是使用寿命长，一般为耐酸耐碱耐腐蚀；四是处理效率高：内部湿润填充层，点滴技术、孔隙率大、阻力小、比表面积大；五是使用广泛等。

五、废气处理——污水处理（厌氧）产生废气处理

（一）废气处理工艺

污水站（厌氧）主要废气成分是含硫含氨挥发性有机气体，甲烷、硫化氢、一氧化碳、氨气等，收集的废气通过“水 / 酸洗塔 + 高密度等离子体 + 水洗塔 + 高空排放”工艺设备（图 6-8），废气经处理后高空达标排放。

（二）主要设备结构及性能

1. 水 / 酸洗塔和水洗塔运行机理、结构和特点

水 / 酸洗塔和水洗塔的运行机理、结构和特点与餐厨垃圾处理车间废气处理工艺“酸喷淋塔 + 碱喷淋塔 + 高密度等离子体 + 高空排放”中的酸碱喷淋塔的运行机理、结构和特点基本一致，差异仅是所加的处理药剂成分不一样。

2. 高密度等离子设备运行机理、结构和特点

高密度等离子设备运行机理、结构和特点与餐厨垃圾处理车间废气处理工艺“酸喷淋塔 + 碱喷淋塔 + 高密度等离子体 + 高空排放”中的高密度等离子体中的描述一致。

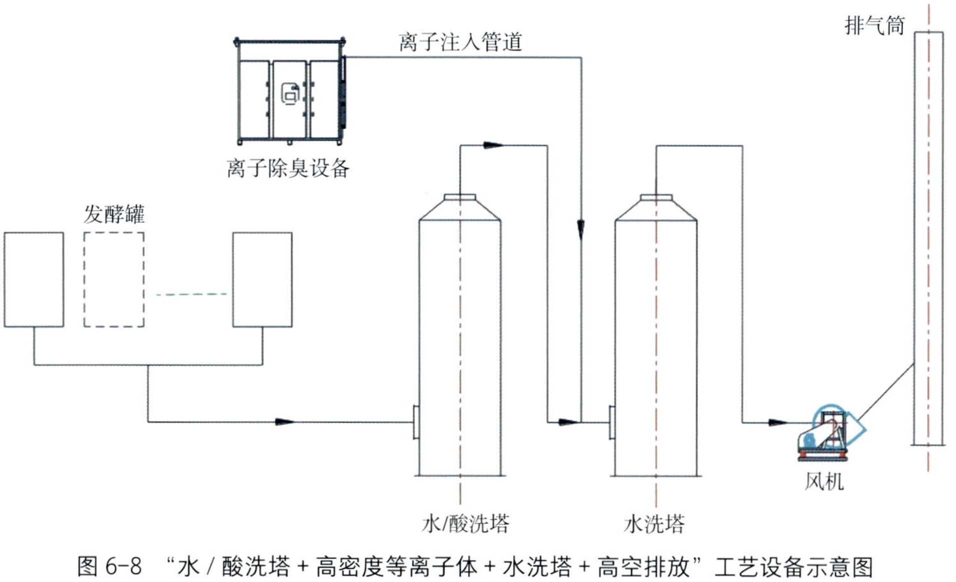

图 6-8　“水 / 酸洗塔 + 高密度等离子体 + 水洗塔 + 高空排放”工艺设备示意图

第七章 餐厨垃圾处理主要功能区

恒易环保在餐厨垃圾处理过程中的功能区域划分主要包括：①卸料仓储区；②清洁消毒区；③餐厨垃圾自动分选区；④三相分离区；⑤污水处理区；⑥废气处理区；⑦蒸汽供热区。各区域功能明确，高效协同运行，是餐厨垃圾无害化和资源化处理利用的关键所在。各区域的功能、规划和建造要点如下。

一、卸料仓储区

（一）区域功能

卸料仓储区是餐厨垃圾收集转运车将收集来的餐厨垃圾卸料和餐厨垃圾暂时仓储的区域（图 7-1）。此区域是餐厨垃圾进入处理程序的第一步。由于餐厨垃圾收运往往有其时间特性，经常是集中时间段收运。因此，根据时间集中的特性设计卸料仓储区，从而需要给生产线足够的处理时间，减少收运车辆等待，保证餐厨垃圾的收运。

图 7-1 餐厨垃圾卸料仓储区

（二）规划和建造要点

1. 根据《餐厨垃圾处理技术规范》（CJJ 184—2012）中要求餐厨废弃物应做到日产日清，在容器中存放时间不应超过 24 小时。因此，仓储区设计容量应根据当地餐厨垃圾产生和实际收储量，以及处理效率来设计规划。

2. 卸料口数量应根据高峰时段车辆密集度来设定。

3. 必须保证餐厨垃圾在暂存期间产生的废气不外溢。

以浙江省桐乡市为例，桐乡餐厨垃圾处理中心配备多功能储存配送池，容积 100 t（桐乡日产生餐厨垃圾 150 t），仓储池底部安装有可调速无轴螺旋输送机用于为处理生产线输送原料（图 7-2）。卸料口设置 2 个，可以保证高峰时段车辆快速有序完成卸料任务。配送池侧面斜板安装有不锈钢滤网，可提前将餐厨垃圾浆液进行过滤，过滤后浆液直接由定制的切削泵泵送至后续处理工序（图 7-3），如此设计可减少后续工序负荷，减少在垃圾分拣时的含水率，从而降低分拣后生活垃圾含水率。

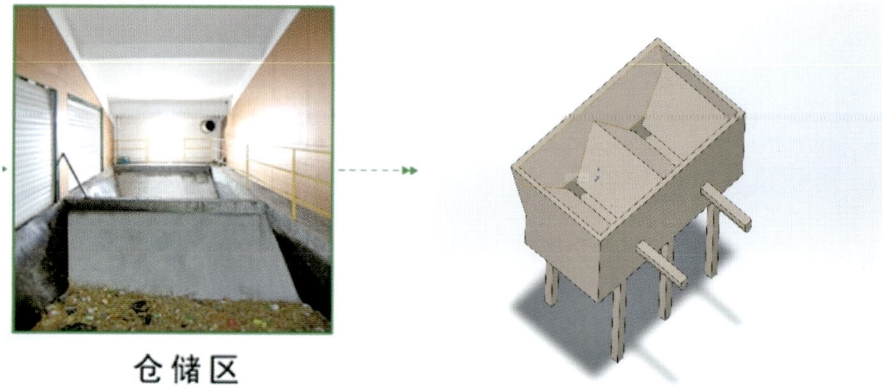

图 7-2　卸料仓储区及内部结构

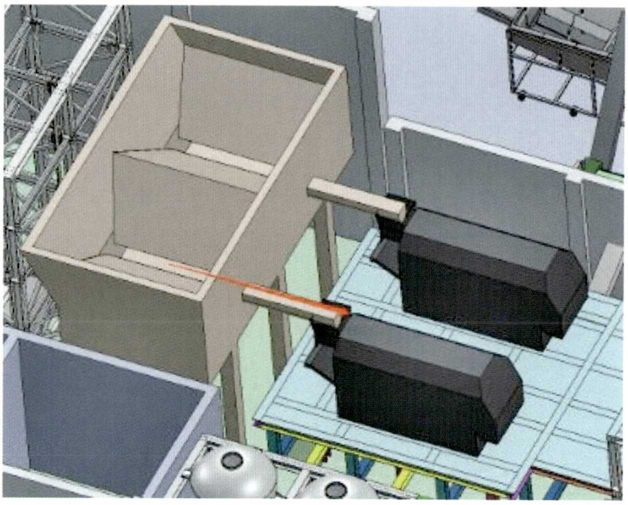

图 7-3　仓储池、卸料口和切削泵简易图

二、清洁消毒区

（一）区域功能

清洁消毒区是对进入厂区的餐厨垃圾收集转运车辆进行清洗、消毒和除臭，以及对

随车人员和物品进行清洗和消毒的区域。此区域包含洗消通道，为“单向流动”的洗消模式，形成以处理中心为中心的多层生物安全防护圈，使得环境载毒量从外到内层层递减，真正发挥安全防控作用，保证环境和人员清洁安全，防止污染物外溢（图 7-4）。

图 7-4　车辆洗消流程图

（二）规划和建造要点

（1）基础建设要具备冬季保温能力以及自动排空防冻、防腐蚀功能。

（2）洗消通道具有独立的入口和出口，可以单向流动。

（3）秉承生态循环利用，厂区污水处理区的污水在处理达标后可用于清洗车辆；污水厌氧发酵产生的沼气可用于清洁消毒区能源需求。

（三）规划和建造关键环节

1. 洗消通道建设管理要点

（1）选址与设计。洗消通道建设在无害化处理中心内，设计符合“单向流动”原则，保证污区和净区分离，避免交叉污染。考虑风向、排水等具体细节，保证污区处于下风向，外部排水由净区排向污区，并设置污水处理区。

（2）基础建设。基础建设要具备冬季保温能力以及自动排空防冻、防腐蚀功能。清洗车间内置防腐铝塑板或其他耐腐蚀材料，设置清洗斜坡（5% 坡度）便于车厢内部排水；烘干车间要做好保温及密封，保证高效烘干。

（3）管理模式。建立精细化管理模式，通过明确责任、抓住重点、细化制度、强化检查等方式，建立部门间沟通协调、专人巡查登记等工作机制；健全领导、组织、执行、检查、奖惩、培训等方面规章制度；制定洗消程序和效果验收标准，以达到科学管理、规范洗消的目的。

2. 科学高效的洗消程序

污区进入—预处理区准备—进入清洗区—初次清洗—泡沫浸润（15 min）—二次清洗—沥水干燥—进入高温消毒区—消毒（30～45 min）—烘干（70℃，30 min）—停放净区。按照先内后外、先上后下、从前到后的顺序进行，泡沫浸润、消毒剂作用、沥水干燥、高温烘干等程序均要达到最低作用时间，同时要密切关注冲洗水压、水温等细节，确保洗消效果。

3. 智能化的洗消管理系统

在洗消通道各区域安装实时监控系统，值班室呈现监控画面，同时可链接手机客户端，实现对洗消过程全流程监督。另外，对洗消全过程进行录像备案，做到全程可视化、可追溯，这既能保证车辆洗消程序符合标准，又为车辆洗消提供证明。

4. 洗消通道运行关键点

（1）洗消站入口处的“脏”收集车等候区。

（2）清洗消毒区（污区）：在清洁之前，设备会用热水冲洗收集车的车身底部（如果有泥土或油污，这一步则很重要），并从车身底部清除大量的污物；到达消毒区后，驾驶员将离开驾驶室，通过“脏”路线到达更衣室，在那里将进行淋浴、换衣服和鞋子等程序。脏衣服用袋装并密封以便随身携带（加热密封）。此外，驾驶员只能进入驾驶员专用的等候区。清洁人员可手动或使用低压大流量软管清除固体。车上垫子和可移动元件将被取出并在外部区域进行清洗和消毒，然后被带到出口以进行拾取。洗涤完成后，在收集车能够进入消毒区域之前，将对车辆的状态进行目视或摄像检查。如果检查合格，则车辆将继续经过消毒门和车身底部消毒，并被允许进入清洁区域。如果检查不合格，收集车必须返回清洁区域进行必要的更正。需要注意的是，清洗消毒区域应配备低压高流量的喷枪、洗涤剂和带热水的高压喷枪。对于该区域的地板，重要的是要有正确的坡度（2%～3%）以收集用于清洁的水。具有良好照明系统的区域也很重要；此区域的清洁人员是通过单独的区域进入洗消站，在该区域中不会与收集车司机发生交叉。他们有更衣室，可以彻底换衣服，并在离开时使用淋浴。仓库中将提供工作所需的个人防护设备（靴子，防水服，工作服，护目镜，手套和口罩）。

（3）烘干区：消毒过程完成后，驾驶员将通过“清洁”路线，经由乘客侧门到达驾驶室。车辆经沥水后驶入烘干区进行烘干处理。

（4）出口区域：在该区域中，可以停放干净的收集车，此时将在清洗区域取出的、在收集车清洗区外进行了清洗和消毒的可移动部件放回车里。

5. 桐乡恒易环保洗消通道关键组成部件

（1）底盘清洗和喷雾消毒系统：泵站系统（定制泵站，1 台，18.5 kW、55 L 流量，0～24 MPa 随意调，变频控制系统）、智能化控制系统（智能化控制系统，液晶屏显示，强制保养程序，恒压供水，自动启停，防雷击系统及漏电保护系统，含控制柜等）、供水系统（无塔供水装置，自密封设计，稳压、储水，底部排污口设计，进水自动启停）、泵站机柜（工业级机柜，碳钢材质，牢固耐用，泵站、控制系统一体设计，美观大方，设备整体悬空布局，防止在地面进水，工业级防腐处理，室外寿命 10 年）、泵站压力输出显示（泵站设计压力输出曲线，便于压力稳定设置，以及泵站故障查询、检测）、自动比例加药系统（采用 1 个比例加药单元，满足喷雾系统消毒功能）、加热锅炉［柴油锅炉供热，1 台，容积 21 L，提供 55～70℃热水，水质软化系统（4T）］、水质处理系统［含 2 级水质过滤系统（布袋过滤 +PP 棉过滤单元）等］。

（2）喷雾管道系统：长清洗枪（减压型，符合人体手握力学设计）、喷头（高爆破 0° 旋转喷头，提高工作效率，0° 、15° 、25° 喷头各 1 个）、泡沫喷枪（喷枪 + 喷壶）、移动清洗管道（定制双层加密钢丝，承压 50 MPa，内径 8 mm，长度 25 m，含两端压件）、高压磁阀门（采用高压电磁阀门，承压 10 MPa，满足自动控制需求）和底盘自动清洗单元（底盘清洗装置、运动机构及附属，实现自动清洗、消毒功能，减少底盘死角）。

三、餐厨垃圾自动分选区

（一）区域功能

此区域承担着餐厨垃圾的自动分拣功能，主要包括餐厨垃圾自动分拣区和生活垃圾脱水减量转运区。餐厨垃圾在自动分拣区依系列分拣，分拣出餐厨垃圾中的异物，如塑料、竹木、玻璃、砂石、金属物质等；分拣出的异物作为普通生活垃圾在生活垃圾脱水减量转运区脱水减量后转运至专业生活垃圾处理厂进行无害化处理。

（二）规划和建造要点

餐厨垃圾分拣技术工艺设备应根据餐厨垃圾中异物特性进行有针对性地逐级分拣，最终达到将异物剔除的目的。如恒易环保餐厨垃圾处理中一级粗分选，目的是分选出可回收利用或不利于后续处理、处置的物料，如将塑料垃圾袋、玻璃塑料瓶、大颗粒其他垃圾等分离出来；粉碎制浆，目的是在高速螺旋刀片离心作用下将餐厨垃圾中的轻质塑料生活垃圾进一步分离，同时也使餐厨垃圾充分分解，以便在后续工序中充分降解；沉沙除沙，目的是进一步去除餐厨垃圾粉碎制浆后其中仍然含有的很多密度大于水的渣料，如玻璃和陶瓷碎渣等；二级精细分选，目的是根据比重原理，将浆状餐厨垃圾中轻异物和不易破碎的重杂质进一步分拣。

四、三相分离区

（一）区域功能

该区域承担着餐厨垃圾三相分离的功能，是较为核心的区域，主要包括灭菌热解区、物质分离区和油脂提纯储存区。餐厨垃圾在自动分拣后，制成餐厨垃圾浆液，泵送至灭菌热解区的干热水解罐，进行灭菌热解，餐厨垃圾中的病原菌被杀死，有机物料得到充分分解；灭菌热解后的餐厨垃圾浆液通过泵送，输送至分离区的三相卧式分离机，通过离心力的作用，将餐厨垃圾浆液分别分离出毛油、污水和有机固化物。其中，毛油进入油脂提纯储存区，在这个区域，毛油进入毛油过滤机（去除一些微小的塑料片等杂质），后进入储罐，经静置加热，水杂沉淀，沉淀的水杂通过下管排水杂后，就可以出售油脂。污水经专业污水处理系统处理达标后排放。

（二）规划和建造要点

餐厨垃圾灭菌热解技术工艺设备需考虑生态环保和循环高效利用目的。如恒易环保采用“干热水解”技术，与“湿热水解”技术相比，“干热水解”技术是利用蒸汽加热盘管，间接加热餐厨垃圾浆液，可以有效减少餐厨垃圾的废水，而“湿热水解”技术是蒸汽直接通入餐厨垃圾浆液中进行水解，产生更多废水，增加能耗和处理成本。另外，“干热水解”加热是通过沼气蒸汽发生器所产生的蒸汽来供热，沼气来源于餐厨垃圾废水处理系统，实现资源的循环利用。

餐厨垃圾物质分离技术工艺设备应尽可能对餐厨垃圾中可利用有价值的物料进行分离，使餐厨垃圾资源化利用达到最大化。如餐厨垃圾所含油脂具有较大的经济价值，且如果餐厨油脂进入废水中，将大大增加污水处理难度，因此餐厨垃圾油脂分离是其中关键点之一。恒易环保在餐厨垃圾三相分离后将油脂进一步通过毛油过滤机，去除其中一些微小的塑料片等杂质，使油脂进一步纯化。餐厨垃圾三相分离后的有机物料可作为生物质转化产生昆虫蛋白的原料，剩余残渣可制成生物有机肥。另外有机物料还可通过发酵工艺制成饲料蛋白用于养殖行业。餐厨垃圾三相分离后的污水，可通过厌氧发酵产生沼气，用于厂区能源供应和资源化利用。然而，迄今为止，餐厨垃圾中的盐分仍未得到分离利用。如果能够通过有效技术工艺将餐厨垃圾中的盐分进行有效分离，餐厨垃圾的资源化利用将进一步得到深化和提升。

五、污水处理区

（一）区域功能

此区域承担处理厂区运行过程中产生的废水，其中以餐厨垃圾三相分离后产生的污水为主。针对污水中高 COD 特性（COD 值大于 10 万 mg/L），污水先经过厌氧处理，利用厌氧微生物的降解作用使污水中有机物质得以分解，处理后污水中 COD 值可降至 1.0 万 mg/L 以下，同时产生沼气。厌氧处理后，污水进入好氧处理环节，目的是对污水中的有机污染物进一步去除，同时去除污水中绝大部分有机和无机氮素。最后通过化学处理法（如废水中和处理法、废水混凝处理法、废水化学沉淀处理法、废水氧化处理法、废水萃取处理法等），去除污水中的磷元素，最终达到纳管排放标准。

（二）规划和建造要点

（1）餐厨垃圾污水处理技术工艺设备应根据餐厨垃圾污水特性设计采用多种处理工艺设备，同时必须兼顾处理过程的高效和处理结果的高质。以恒易环保为例，针对餐厨垃圾污水有机物含量高的特性，采用中厌氧处理技术工艺，通过厌氧发酵 CSTR 反应器（连续搅拌反应器系统）对污水进行厌氧发酵，这是一种能够使发酵原料和微生物处于完全混合状态的厌氧处理技术。CSTR 工艺可以处理高悬浮固体含量的原料。消化器内物料均匀分布，避免了分层状态，增加了物料和微生物接触的机会。利用产生沼气发电余热，反应器内部循环管道的保温加热系统对罐体进行保温，大大提高了产气率和投资利用率，同时使得反应器一年四季均可正常工作。该工艺占地少、成本低，是目前世界上最先进的厌氧反应器之一。

在好氧处理技术环节，恒易环保采用改良型两段式活性污泥法（AB 法），该工艺是建立在传统的活性污泥法基础之上，它基于传统活性污泥法的原理和工程经验，属于悬浮生长好氧生物处理技术改进后的新工艺。目前，通过该技术工艺恒易环保日处理水量在 150 m^3，处理后的餐厨垃圾废水 COD 由 1 万 mg/L 可降至 500 mg/L 以下，氨氮可降至 5 mg/L 以下。

（2）餐厨垃圾污水处理应秉承资源回收利用最大化。恒易环保在处理过程中采用的厌氧发酵 CSTR 反应器能够在很大程度上提高沼气产生速率和产生量，沼气产生受季节温度变化影响较小。产生的沼气通过湿法铁基脱硫系统进行脱硫，增加沼气纯净度，减少 H_2S 气体对输气管、储气柜和用气设备造成严重腐蚀。净化后的沼气除用于厂区日常用电外，同时用于沼气蒸汽发生器，产生的高温蒸汽用于“干热水解”过程中的加热过程，实现资源的循环利用。

六、废气处理区

（一）区域功能

此区域承担处理净化全车间由于餐厨垃圾存放和处理，以及污水处理等过程中产生的废气。全车间采用整体厂间分层送风和收集系统。餐厨垃圾存放处理车间产生的废气采用“酸喷淋塔 + 碱喷淋塔 + 高密度等离子体 + 高空排放”进行处理，污水处理（好氧处理区和化学处理区）产生的废气采用“酸喷淋塔 + 碱喷淋塔 + 次氯酸钠喷淋 + 高空排放”技术，污水处理（厌氧处理区）收集的废气通过“水 / 酸洗塔 + 高密度等离子

体 + 水洗塔 + 高空排放”工艺设备，废气经处理后高空达标排放（图 7-5）。

图 7-5　废气处理区整体效果图

（二）规划和建造要点

（1）餐厨垃圾在运储处理、污水处理等各个环节产生的废气必须确保不外溢，以免对居民生活和生态环境造成危害。因此在建造厂区时必须对整个车间或场地实行密闭，卸料区采取电动快速提升门，车间进出门都安装风幕系统，保证车间微负压运行。采用整体厂间分层送风和收集系统。废水处理系统产生废气的各处理池加盖密封，使系统内保持负压，废气不外溢。

（2）废气处理工艺必须科学合理。废气处理工艺较多，如，植物提取液除臭技术、活性炭吸附法、化学洗涤除臭法、化学氧化除臭法、离子除臭法、生物除臭法、燃烧除臭法和光氧催化法等。因此，废气处理的工艺设备必须根据废气产生构成和浓度等特性，有针对性地应用复合处理技术。例如：对于餐厨废弃物处理过程中所产生的臭气而言，由于其硫化氢和氨浓度较高，臭气量较大，且选址处对环境保护要求较高，单一的处理工艺无法对其进行彻底处理。需要综合考虑工程的经济性、实用性和可靠性。通过实践，综合考虑处理效果和成本，恒易环保选择、优化并采用“酸喷淋塔 + 碱喷淋塔 + 高密度等离子体 + 高空排放”工艺设备处理废气。

七、蒸汽供热区

（一）区域功能

此区域承担产生餐厨垃圾“干热水解工艺”过程中所需要的蒸汽。餐厨废水厌氧发酵产生沼气，经过“铁基湿法”脱硫后，进入沼气蒸汽发生器作为燃料，将水转化为高温蒸汽。同时，还配置生物质颗粒蒸汽发生器，用于应急处置，辅助供热（图 7-6）。

图 7-6　蒸汽供热区

（二）规划和建造要点

蒸汽发生器运行的能源供应尽可能采用循环可再生能源，如餐厨垃圾处理过程中产生的废水通过厌氧发酵产生沼气用于蒸汽发生器，实现资源的循环利用。另外，用于应急处置，辅助供热的能源物料也应尽可能采用清洁可再生能源，如光伏、生物质颗粒等，降低碳排放。

第八章　环境影响评价

一、项目实施环境评价结果

恒易环保委托浙江大学（国环评证：甲字第 2002 号）对餐厨废弃物无害化处理和资源化利用项目开展环境影响评价工作，对环境空气、水环境和声环境进行监测评价。主要结论如下。

（一）大气环境

正常工况下，本项目排放的 SO_2、NO_x 最大落地浓度和敏感点处贡献值叠加环境本底值后均可满足《环境空气质量标准》（GB 3095—2012）。恶臭污染物 H_2S、NH_3 最大落地浓度和敏感点处贡献值叠加环境本底值后均低于《工业企业设计卫生标准》（TJ 36—79）。

本项目排放的 NH_3、H_2S 对各敏感点的浓度贡献值均低于嗅觉阈值浓度，NH_3 贡献值占嗅觉阈值比例在 0.25%～1.68%，H_2S 贡献值占嗅觉阈值比例在 16.08%～64.31%。可见，正常工况下，本项目产生的废气可能对周边敏感点的恶臭影响较小。

非正常工况下，NH_3、H_2S 最大地面落地浓度叠加环境本底值后均低于《工业企业设计卫生标准》（TJ 36—79）的浓度要求；敏感点处贡献值叠加本底值后均低于《工业企业设计卫生标准》（TJ 36—79）中居住区大气中有害物质的最高容许浓度。

（二）地表水

本项目排水系统采用雨污分流制，雨水经雨水管道收集后排入周边河道。餐厨垃圾含油废水，化学除臭装置排水，车辆、设备、地面清洗废水，臭气处理排水，喷淋装置排水和员工生活污水经污水处理设施处理后纳管排放，不会对周边地表水环境产生直接影响。

（三）声环境

噪声对周边声环境影响不大，厂界噪声值均能达到《工业企业厂界环境噪声排放标准》（GB 12348—2008）的 2 级标准，敏感点处噪声预测值满足《声环境质量标准》（GB 3096—2008）中的 2 类标准。

二、项目运行环境评价结果

恒易环保委托浙江泓远检测科技有限公司和浙江绿青检测科技有限公司等对餐厨废

弃物无害化处理和资源化利用运行过程中入网口废水、不同方向的废气、不同厂界昼间和夜间的噪声以及雨水进行监测。其中，废水监测指标包括 pH 值、COD_{cr} 和氨氮，废气监测指标包括臭气浓度、硫化氢、氨气、总悬浮颗粒物，雨水监测指标包括悬浮物和 COD_{cr} 等。废水、废气和噪声监测的各项指标均符合相关规定的要求。

1. 2023 年 1 月 9 日监测（浙江泓远检测科技有限公司）

MA
201112112772

检 测 报 告

报告编号：浙泓检【2023】01079

项 目 名 称	自行监测
委 托 单 位	桐乡恒易环保科技有限公司
受 测 单 位	桐乡恒易环保科技有限公司
样 品 类 型	废水/无组织废气/噪声

浙江泓远检测科技有限公司

声　明

1. 本报告无编制人、审核人、授权签字人签字，或涂改，或在首页及骑缝处未加盖“检测专用章”无效。
2. 未经本公司书面批准，不得部分复制报告（完整复制除外）。
3. 本检测报告只对委托项目负责。由委托单位自行采集的样品，本公司仅对送检样品检测数据负责，不对样品来源负责。
4. 一般情况下，委托检测结果仅对所检样品有效。
5. 对本检测报告有异议者，请于收到报告之日起十五日内向本公司提出。逾期不提出，视为认可检测报告。
6. 未经本公司书面同意，本报告及数据不得用于商业广告，违者必究。

单位：浙江泓远检测科技有限公司
地址：浙江省桐乡市凤鸣街道华业路296号
邮编：314500
电话：0573-89372789

桐乡恒易环保科技有限公司环境检测报告　　　　报告编号：浙泓检【2023】01079

检测报告

表1　基本信息

受测单位	桐乡恒易环保科技有限公司	采样（送样）日期	2023-01-09
采样地址	桐乡市石门镇春丽桥	检测日期	2023-01-09~01-10
样品类型	废水/无组织废气/噪声	报告日期	2023-01-15
检测项目	分析方法及依据	仪器设备	编号
臭气浓度	空气质量　恶臭的测定　三点比较式臭袋法　GB/T 14675—1993	/	/
硫化氢	亚甲蓝分光光度法　《空气和废气监测分析方法》(第四版增补版)国家环境保护总局(2007年)	752N紫外可见分光光度计	SY-2020-004
氨	环境空气和废气　氨的测定　纳氏试剂分光光度法　HJ 533—2009	752N紫外可见分光光度计	SY-2020-004
总悬浮颗粒物	环境空气　总悬浮颗粒物的测定　重量法 GB/T 15432—1995 及其修改单	NVN-800S恒温恒湿称重系统、PWN125DZH电子天平	SY-2020-042、SY-2020-010
pH值	水质　pH值的测定　电极法　HJ1147—2020	PHB-4便携式PH计	CY-2020-009
化学需氧量	水质　化学需氧量的测定　重铬酸盐法　HJ 828—2017	标准微晶COD消解器、酸式50ml滴定管	SY-2020-025、B-071
氨氮	水质　氨氮的测定　纳氏试剂分光光度法　HJ 535—2009	752N紫外可见分光光度计	SY-2020-004
工业企业厂界噪声	工业企业厂界环境噪声排放标准　GB 12348—2008	HS5671D噪声频谱分析仪	CY-2020-005

浙江泓远检测科技有限公司　　　　第 1 页 共 3 页

桐乡恒易环保科技有限公司环境检测报告　　报告编号：浙泓检【2023】01079

检 测 报 告

表 2　气象条件

检测日期	检测时间	天气	温度(℃)	湿度(%)	风向	风速(m/s)	大气压(kPa)
2023-01-09	12:00-13:00	晴	14	50	东北	3.5	102.1

表 3　水和废水检测结果

采样日期	采样时间	监测点位	检测项目	样品编号	检测结果
2023-01-09	12:30	入网口	水 2301092001（无色浑浊）	pH 值（无量纲）	7.23
				CODcr（mg/L）	133
				氨氮（mg/L）	7.21

表 4 废气检测结果

采样日期	检测频次	监测点位	样品编号	检测项目	检测结果	平均值	平均标干废气量 m^3/h	排放速率 kg/h
2023-01-09	12:00	上风向	气 2301092001	臭气浓度（无量纲）	<10	/	/	/
		下风向 1	气 2301092002		<10	/	/	/
		下风向 2	气 2301092003		<10	/	/	/
		下风向 3	气 2301092004		<10	/	/	/
	12:00-13:00	上风向	气 2301092005	硫化氢（mg/m^3）	0.006	/	/	/
		下风向 1	气 2301092006		0.006	/	/	/
		下风向 2	气 2301092007		0.006	/	/	/
		下风向 3	气 2301092008		0.007	/	/	/
	12:00-13:00	上风向	气 2301092009	氨气（mg/m^3）	0.04	/	/	/
		下风向 1	气 2301092010		0.04	/	/	/
		下风向 2	气 2301092011		0.04	/	/	/
		下风向 3	气 2301092012		0.03	/	/	/
	12:00-13:00	上风向	气 2301092013	总悬浮颗粒物（mg/m^3）	0.062	/	/	/
		下风向 1	气 2301092014		0.150	/	/	/
		下风向 2	气 2301092015		0.117	/	/	/
		下风向 3	气 2301092016		0.213	/	/	/

浙江泓远检测科技有限公司　　第 2 页 共 3 页

桐乡恒易环保科技有限公司环境检测报告　　　　报告编号：浙泓检【2023】01079

检 测 报 告

表 5 噪声检测结果 01 月 09 日

检测点编号	检测点位置	主要噪声源	昼间		夜间	
			检测时间	Leq[dB(A)]	检测时间	Leq[dB(A)]
噪2301092001	厂界东	生产活动	13:02	57.0	22:45	43.2
噪2301092002	厂界南	生产活动	13:06	53.8	22:50	43.1
噪2301092003	厂界西	生产活动	13:12	58.2	22:54	49.0
噪2301092004	厂界北	生产活动	13:17	55.2	22:59	44.0
备注：风速4.0m/s						

附图：废气和噪声检测测定点分布示意图：

“▲”代表噪声检测点位；“☆”代表空气检测点位

编制人：马志强　　　　校核：杨秀秀　　　　审核：潘建法

批准：[signature]　　　　签发日期：2023 年 01 月 15 日

以下空白

浙江泓远检测科技有限公司　　　　第 3 页 共 3 页

2. 2023 年 2 月 24 日监测（浙江绿青检测科技有限公司）

181112052343

检 测 报 告

报告编号：LQ202302295

检测类别：委托检测 2022-0048

样品名称：废水/废气/噪声

委托单位：桐乡恒易环保科技有限公司

浙江绿青检测科技有限公司

检测报告说明

一、对检测结果如有异议者，请于收到检测报告之日起十五日内向本公司提出。

二、由委托方自行采集的样品，仅对送检样品的测试数据负责，不对样品来源负责，对检测结果不作评价。

三、本检测报告无编制人、审核人、批准人签字无效，涂改或未加盖本公司红色检验检测专用章，本检测报告无效。

四、未经本公司书面同意，不得复制检测报告（全文复制除外）。

五、未经本公司书面同意，本报告及数据不得用于商品广告，违者必究。

地址：浙江省嘉兴市桐乡市梧桐街道发展大道1488号9楼，11楼1108、1110室

邮编：314500

电话：0573-88183363

邮箱：lqlqjc@163.com

检 测 报 告

报告编号：LQ202302295　　　　　　　　　　　　共 3 页　第 1 页

检测类别：委托检测 2022-0048	样品类别：废水/废气/噪声
委托单位：桐乡恒易环保科技有限公司	委托单位地址：桐乡市石门镇春丽桥村东港厂组
受检单位：桐乡恒易环保科技有限公司	受检单位地址：桐乡市石门镇春丽桥村东港厂组
来样方式：自采样	采样地点：详见检测结果
检测地点：浙江绿青检测科技有限公司	采/送日期：2023.2.24
接收日期：2023.2.24	检测日期：2023.2.24-2023.3.1

样品类别	检测项目	检测依据
废水	pH 值	水质 pH 值的测定 电极法 HJ 1147—2020
	化学需氧量	水质 化学需氧量的测定 重铬酸盐法 HJ 828—2017
	氨氮	水质 氨氮的测定 纳氏试剂分光光度法 HJ 535—2009
	悬浮物	水质 悬浮物的测定 重量法 GB/T 11901—1989
	总磷	水质 总磷的测定 钼酸铵分光光度法 GB/T 11893—1989
无组织废气	臭气浓度	环境空气和废气 臭气的测定 三点比较式臭袋法 HJ 1262—2022
噪声	工业企业厂界环境噪声	工业企业厂界环境噪声排放标准 GB 12348—2008

检 测 结 果

1、废水检测结果

采样时间	检测点位	样品编号	项目名称 样品性状	总磷（mg/L）	化学需氧量（mg/L）	氨氮（mg/L）
2023.2.24	废水排放口	W230224084	深黄透明	2.75	169	8.08
	废水排放口（平行）	W230224085	深黄透明	2.73	166	8.06
采样时间	检测点位	样品编号	项目名称 样品性状	悬浮物（mg/L）	pH 值（无量纲）	/
2023.2.24	废水排放口	W230224084	深黄透明	7	6.93	/

报告编号：LQ202302295　　　　共3页　第2页

2、无组织废气检测结果

采样日期	采样点位	检测结果
		臭气浓度（无量纲）
2023.2.24	上风向1#	<10
	下风向2#	<10
	下风向3#	<10
	下风向4#	<10

注：臭气浓度的样品性状为10L臭气采样瓶。

3、工业企业厂界环境噪声检测结果

测试日期	测点编号	测点位置	主要声源	昼间 Leq dB(A)		夜间 Leq dB(A)	
				测量时间	测量值	测量时间	测量值
2023.2.24	1#	厂界东	设备噪声	12:33	55	22:25	47
	2#	厂界南	设备噪声	12:35	54	22:26	45
	3#	厂界西	设备噪声	12:36	54	22:27	47
	4#	厂界北	设备噪声	12:37	55	22:28	46

此页以下空白

报告编号：LQ202302295　　　　共 3 页　第 3 页

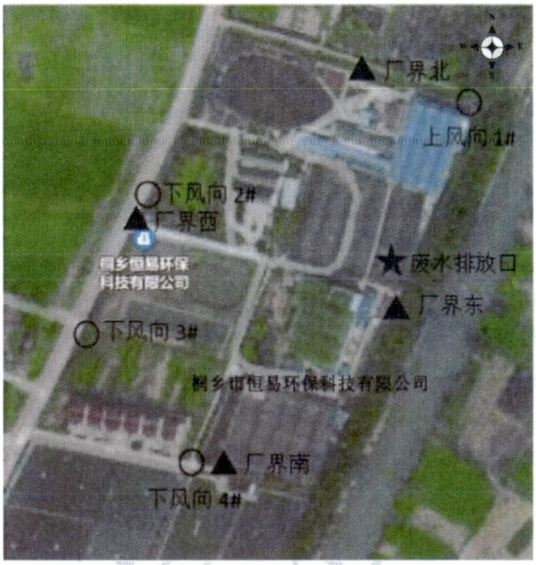

监测点位图

报告编制：　　　　　　报告审核：

报告批准：　　　　　　批准日期：2023. 3. 7

* * * * * * * * * **报　告　结　束** * * * * * * * * *

附 录

无组织废气采样期间气象情况

采样日期	采样时间	风向	风速（m/s）	气温（℃）	气压（kPa）	天气情况
2023.2.24	12:41	西北	3.0	12	103.2	多云

第九章　餐厨垃圾处理物料产出、经济效益和社会生态效益

一、物料平衡及处理效果

桐乡恒易环保餐厨垃圾无害化处理和资源化利用处理基地占地面积 20 亩，总建筑面积约 6 000 m^2，总投资 8 000 余万元。现建有餐厨垃圾处理车间 1 067.79 m^2、生物消纳车间 804.15 m^2、生产办公用房 272 m^2，采用“干热水解生物转化法”处理工艺，配备预处理设备 1 套、废水处理设备 1 套、沼气利用系统设备 1 套、有机肥生产系统 1 套、废气处理系统设备 1 套、固化有机物生物消纳系统设备 1 套、实验室设备 1 套、附属工程设备 1 套、餐厨垃圾专用收运车 15 辆等，形成日处理餐厨垃圾 150 t，年可产蝇蛆、有机肥、粗油脂约 9 456.25 t。

餐厨垃圾处理容量为 150 t/d（54 750 t/ 年），主要原辅材料消耗见表 9-1。

表 9-1　原辅材料消耗表

序号	名称	形态	年消耗量 t/ 年
1	餐厨垃圾（含水率 70%）	固态	54 750.0
2	畜禽粪便	半固态	2 737.5
3	蛆种	活性	292.0
4	酵母菌	粉状	1.0
5	水	液态	15 114.0
合计			72 894.5

餐厨垃圾处理物料平衡见表 9-2。

表 9-2　物料平衡表

投入			产出			
名称	t/d	t/ 年	名称		t/d	t/ 年
餐厨垃圾	150	54 750	产品	鲜蛆	2.790	1 020.00
畜禽粪便	7.5	2 737.5		有机肥	20.113	7 341.25
蛆种	0.8	292.0		粗油脂	3.750	1 368.75
酵母菌	0.003	1.0		**小计**	**26.653**	**9 730.00**

（续）

投入			产出			
名称	t/d	t/ 年	名称		t/d	t/ 年
			废气	消纳车间废气	0.024	8.73
				处理车间废气	0.000 2	0.08
			蝇蛆代谢、水分蒸发等损耗		14.291	5 216.24
			含油废水		105.000	38 325.00
			金属废物		0.120	43.80
			织物、骨头、纤维素类、塑料及其他垃圾		12.210	4 456.65
			合计		**158.303**	**57 780.50**

二、社会经济效益

（一）社会效益

恒易环保是一家专门从事餐厨垃圾收集与处理、活性蝇蛆综合利用的无害化生物处理公司，将餐厨垃圾采用干热水解工艺处理后，通过蝇蛆的生物处理，收获昆虫蛋白和有机肥，形成“餐厨垃圾—蝇蛆—动物蛋白—有机肥”的生态链种养模式。

对桐乡市餐厨垃圾的集中处理，不仅有助于杜绝餐厨垃圾污染及地沟油非法利用，对保障食品和公共卫生安全起到积极的作用，而且有助于进一步完善桐乡市餐厨垃圾处理体系，使餐厨垃圾收集、处理和综合利用更加科学化、规范化，对桐乡市社会公共卫生体系的构建和生态发展具有直接的实质性意义。

（二）经济效益

恒易环保每年可处理餐厨垃圾 54 750 t，可生产鲜蝇蛆 1 020 t，有机肥 7 341.25 t、油脂 1 095 t。根据市场估算，每年蝇蛆、有机肥和油脂总产值为 1 509 万元。蝇蛆作为优质蛋白源，富含蛋白质、几丁质、抗菌肽、氨基酸等宝贵的营养成分，还可作为食品以及相关医药、保健品的原料，具有进一步开发和利用的潜在经济价值。

第三部分

餐厨垃圾资源化利用

第十章　油脂的资源化利用

三相分离后的油脂，先进入毛油过滤机去除一些微小的塑料片等杂质，后进入储罐，经过静置加热使水杂沉淀，沉淀的水杂通过下管排出。经过以上加工处理的粗油脂满足企业标准《餐厨垃圾再生工业级混合油脂》（Q/HY 001—2020）：外观经目测为深棕色液体；无明显酸败、焦臭或其他异味，水分及挥发物含量和不溶性杂质含量均≤2%；碘值≤95 g/kg；酸值≤20 mg KOH/g。恒易环保油脂检测报告见图 10-1。

桐乡恒易环保餐厨油脂
检测报告

报告日期：2021.11.13	化验员	[illegible]	审核	
客户名称：		出厂日期		车牌号：
取样日期：11 月 13 日		油脂种类	餐厨混合油脂	
罐号：1☑ 2□ 3□		包装形式	桶装□	罐装☑
项目名称	控制指标		合格判定	备注
水分（%）	≤1	≤1	Y☑ N□	水杂总和≤2
杂质（%）	≤1			
酸价（KOHmg/g）	≤20	15	Y☑ N□	
碘值（g/100g）	≥85	/	Y□ N□	
皂化值(KOHmg/g）	≥185	/	Y□ N□	
不皂化物（%）	≤1	/	Y□ N□	
硫含量（ppm）		/	Y□ N□	
氟含量（ppm）		/	Y□ N□	
色泽	简单描述	红褐色	Y☑ N□	
白色粉末	无	/	Y□ N□	
检测结论	合格	合格	不合格	

图 10-1　恒易环保油脂检测报告

经三相分离后的粗油脂可以由具备相应资质的单位回收利用，回收后的粗油脂一般用于制备生物柴油和工业油脂。

一、生物柴油

餐厨废油资源化利用可以作为生物柴油的原料油。生物柴油指的是以动植物油脂、餐厨废油为原料，与甲醇、乙醇等低碳醇进行酯交换反应后产生的长链脂肪酸甲酯[1]。生物柴油已是国际上公认的可再生低碳清洁能源，是传统化石柴油的优良替代品，也是未来新能源发展的趋势之一。目前对于餐厨粗油脂制取生物柴油的酯基交换反应有物理法、化学催化、超临界法和生物酶法，广泛应用的是化学催化（酸催化和碱催化法）[2]。生物柴油与石油基柴油组分最大的区别是氧含量不同，生物柴油含氧量为 10%～12%，而石油基柴油基本不含氧，因此将生物柴油用作燃油燃烧时排烟少，与石油基柴油相比一氧化碳的排放减少约 10%，二氧化硫和硫化物排放减少约 30%[2]。《B5 柴油》（GB 25199—2017）明确指出，B5 普通柴油（生物柴油和石油柴油的调和燃料）可以直接作为车用燃料，但生物柴油利用仍存在较多缺点，后期需要在产品优化等方面加大技术革新，增加产品附加值[3]（图 10-2）。

图 10-2　餐厨垃圾制成生物柴油

二、工业油脂

餐厨废油作为工业油脂原料，可以加工成肥皂、表面活性剂等化学品[4]。除此之外，餐厨废油经加工的副产品甘油还可以制备成润滑剂[3]以及作为化工原料进行深加工，甘油下游产品应用范围十分广泛[5]（图 10-3 至图 10-5）。

图 10-3　餐厨垃圾制成生物柴油

图 10-4　肥皂

图 10-5　表面活性剂

第十一章　有机固化物的资源化利用

餐厨垃圾无害化处理有机物指的是餐厨垃圾经分拣、粉碎制浆、水解、三相分离等工序处理后形成的具有较高有机质含量的有机物（图 11-1），满足企业标准《餐厨垃圾无害化处理有机物》（Q/HY 002—2020）。外观要求正常光照下目测呈淡黄色流体，无机械、玻璃、塑料等无机杂质，有机质含量≥75%，含水率≤80%。有害物质限量为：总砷≤15 mg/kg，总汞≤2 mg/kg，总铅≤50 mg/kg，总镉≤3 mg/kg，总铬≤150 mg/kg。有机固化物的资源化利用方式主要分为蝇蛆生物转化消纳和制备生物饲料。

图 11-1　餐厨垃圾有机固化物

一、蝇蛆生物转化消纳

蝇蛆转化指的是利用蝇蛆将有机固化物分解、消纳和转化为昆虫蛋白的过程。恒易环保制定了《餐厨垃圾干热处理与蝇蛆转化利用技术规范》（Q/330483TXHYHB0012019），用于规定处理场地建设、干热处理与蝇蛆转化利用技术的相关要求。有机固化物通过蝇蛆生物转化消纳后收获产品主要有两种，即蝇蛆（图 11-2、图 11-3）和有机肥。这是当前恒易环保最主要的资源化利用模式。

图 11-2　餐厨垃圾养殖的蝇蛆

（一）蝇蛆生物转化技术概要

1. 辅料配方混合

图 11-3　蝇蛆消纳车间

将三相分离有机质推入搅拌装置内，搅拌装置另设有辅料添加口，将辅料按照既有的配方配制（1 000 kg 熟化前的三相分离有机质需添加的辅料质量为 1 000～1 200 kg；辅料中有机质的质量分数为 65%～75%，有益菌种的质量分数为 0.5%～1%，麸皮的质量分数为 20%～30%，糖的质量分数为 3%～5%）（图 11-4），并由辅料添加口加入。关闭搅拌装置的进料口和出料口，开启搅拌装置进行搅拌，整个过程搅拌 30～60 min。搅拌结束后，所获得的基质由出料口排出。

图 11-4　蝇蛆养殖辅料

2. 种蝇繁育

采用笼养方式的养殖家蝇，收获蛆种，用于生物处理工序。蝇蛆生长过程主要分蝇蛹、苍蝇（工程蝇）、蝇卵、幼蛆和成蛆五个阶段。

（1）蝇蛹。蝇蛹由第三龄幼虫（以蛆为成虫）成熟后不蜕皮收缩而成，多呈桶形，棕黑色。蛹期一般约 5 天。蛹成熟后，成虫破壳爬出，待表皮硬化、两翅完全伸展后便可飞翔。

（2）苍蝇，即工程蝇。是利用小家蝇驯化的小个体苍蝇，在生物学上，属于完全变态昆虫，一生经历蝇卵、幼虫（蝇蛆）、蛹、工程蝇四个阶段，工程蝇寿命最长可达一个月。苍蝇是在白昼活动频繁的昆虫，具有明显的趋光性。夜间则静止栖息。

（3）蝇卵。苍蝇卵，通常指家蝇卵，是苍蝇生命循环的一种形态。一般为乳白色，呈香蕉形或椭圆形，长约 1 mm；卵壳背面有两条嵴，嵴间的膜最薄，孵化时幼虫即从此处钻出。雄性家蝇羽化后 18～24 小时、雌性家蝇羽化后 30 小时即可性成熟而交配。交配时间一般在清晨的 5：00～7：00。灵敏的嗅觉、性外激素和视觉，均是促进雌雄蝇交配的重要因素。蝇卵多产于粪便、垃圾、动物尸体及腐烂的有机物等处。每次产卵几十至几百个，产于地面下 1～2 cm 处。在 20～35℃的适宜温度及潮湿环境中经 8 小时至一天多就可以孵化出幼虫。

（4）幼虫（蛆）。幼虫孵化出来一般体长 1～3 mm，蜕皮后为 2 龄，长 3～5 mm，再次蜕皮即 3 龄，长 5～13 mm。

（5）成蛆。虫至 3 龄，由虫体透明、乳白色变为乳黄色，吃饲料由多变少，逐步聚群、畏惧阳光。

因此，需要对其交配期、产卵期、孵化期和分离期 4 个阶段分别进行管理。蝇蛆养殖的具体操作主要掌握 5 个环节。

（1）蝇种投放，即在养蝇房的羽化盘内放置 1 000 g 蝇种，并将羽化盘放进苍蝇笼中，此时育蝇房温度控制在 25～30℃，空气相对湿度控制在 60%～75%。

（2）饲喂，即食料盘中食料按全脂奶粉和糖 1∶1 的比例投放，羽化时期除了确保营养，同时需要保证每天 10～11 小时的光照以刺激成蝇的采食与产卵。

（3）产卵，苍蝇羽化后的第 5 天能够产卵，一般第 4 天需要在蝇笼内放置接卵盘和接卵物（原料为麦麸和鸡蛋，加入清水调湿，厚度 1～2 cm），以引诱苍蝇产卵。

（4）培育，从苍蝇笼中取出接卵盘并转移至孵化房（温度 20～26 ℃，湿度 75%～80%）培育，同时用湿的麦麸迅速将接卵物表面盖严，蝇卵经过 24 小时可变成幼虫。此时，若留种用需及时分盘以防密度过大、营养不足；若不留种可直接放入育蛆房养虫。

（5）分离，经过 4 天的饲养，蝇蛆基本成熟，将饲养盘里的蛆连同麦麸一起倒在分离箱上，利用蛆的畏光性，在分离箱一边进行光照，将成熟的蛆从麦麸中分离出来。

3. 蝇蛆消纳和基质发酵

将添加辅料后的基质平铺于地表，在基质上均匀播撒蝇蛆幼虫；每 1 000 kg 基质需播撒蝇蛆幼虫为 150 万～200 万条。将消纳温度控制在 20～35℃，消纳第 2 天进行第一次翻混，消纳第 3 天进行第二次翻混，消纳第 5 天进行蝇蛆和剩余物分离，蝇蛆可用于制作饲料或蛋白粉。经过蝇蛆消化的剩余物进一步进行生物发酵。在剩余物中添加除臭发酵菌种发酵处理并脱臭，每天按发酵要求温度进行一次翻混，经过 7～10 天最终发酵为有机肥。

（二）有机肥产品生产关键技术

生产功能性有机肥需要经过混合、造粒、干燥、冷却和筛分 5 个步骤（图 11-5）。

（1）混合，就是把大量、微量元素化肥和有机肥料，按照规定的配方，输送于混合机内混合。混合机可用滚筒式或立式圆盘。混合必须充分，即混即用，不宜混合后放置太久，以免受潮。微量元素肥料用量少，掺混不均匀不仅影响其使用效果，还容易产生肥害，可采取逐级放大掺混。先将粉碎的细微量元素肥料与少量粉碎的有机肥料掺混均匀，再用掺微肥的有机肥料向大量有机肥料中掺混，最后掺入大量元素化肥，混合均匀。

（2）造粒，有机肥料中掺入化肥可形成有机—无机复混专用肥，但为了使其物理性状更好，使用方便，可对其进一步造粒。造粒的方法有团粒法和挤压法。团粒法是使用混合机将混合好的物料输送到造粒机内，再加入选好的黏合剂。物料由于造粒机的转动翻滚，逐渐变大成粒。该工艺造出的粒光滑、美观，但对有机物物料的细度要求较高，且有机肥料的加入量有限，一般有机物料总量应小于原料总量的 20% 为宜。挤压法是将物料直接挤压成成品的造料过程。挤压法造粒可以看作是干料加蒸汽进行无化学反应的造粒过程。其主要特点是降低能耗，简化工艺流程，由于产品是始终保持干燥，因此可省去团粒法的干燥和冷却工序，避免氮损失，也不存在排放物污染环境的问题。挤压法设备投资低，有机物料加入比例较大，但形状或表面光滑度不如团粒法。

（3）干燥，如果是有机—无机复混专用肥料，需要在干燥筒内烘干、脱水。

（4）冷却，指的是烘干后的肥料颗粒进入冷却筒内进行冷却。

（5）筛分，烘干后肥料在分选设备内进一步分离，将粒径未达到标准的肥料颗粒分离，返回进入原料中，经破碎后重新造粒[6-7]。

图 11-5　成品有机肥及生产过程

（三）蝇蛆和有机肥应用场景

1. 蝇蛆的资源开发和利用

蝇蛆营养成分全面，鲜蝇蛆和干蝇蛆粗蛋白含量分别在 15.62% 和 62.52% 左右，干蝇蛆与秘鲁红鱼粉的粗蛋白含量接近。蝇蛆含有 16 种以上氨基酸，不饱和脂肪酸含量超过 50%，其中必需脂肪酸含量为 25% 左右，主要含有亚油酸和亚麻酸等鱼体生长必需的营养成分；蝇蛆体内无机盐和维生素含量丰富，包括磷、镍、硼等多种微量元素；此外还富含抗菌肽、凝集素和几丁质等特殊免疫活性成分[8]。

鲜蝇蛆可以饲喂鸡鸭。将蝇蛆作为鸡鸭养殖的优质动物性蛋白饲料，不仅加快鸡鸭生长速度，产蛋率增加，而且与喂养普通饲料相比，鸡鸭生长的日平均增重在10%左右，产蛋率提高15%～20%。鸡鸭肉、蛋品质及安全性均得到明显提高。蝇蛆饲养的鸡鸭肉质鲜美、口感纯正、营养丰富，蛋白含量高，脂肪和胆固醇含量低（图11-6）。

图11-6　虫子鸡、虫子鸭

蝇蛆饲养的“虫子绿壳蛋”蛋黄大且呈橘黄色、蛋清稠、蛋白浓厚细嫩，极易被人体消化吸收，属于高蛋白、高维生素、高微量元素、高氨基酸、低胆固醇、低脂肪的理想天然保健食品（图11-7）。

图 11-7　虫子蛋和产品

蝇蛆还可以作为水产饲料。蝇蛆作为水产养殖饲料，不仅蛋白质含量丰富，必需氨基酸种类齐全，还含有凝集素、溶菌酶、抗菌肽、抗菌蛋白和几丁质等活性物质，其中抗菌肽等物成分还可以高效杀灭多种病原体，增强机体免疫力[9]。蝇蛆具有繁殖速度快、生产成本低和无毒无污染等优势，推广使用蝇蛆活性饲料和传统常规饲料配合投喂鱼、虾和蟹等水生生物，具有饲料流失少、生长速度快、成活率高、成本低、社会经济和生态效益好等优点[10]。恒易环保合作公司利用蝇蛆养殖了甲鱼、汪刺鱼和乌龟，外塘养殖环境良好（图 11-8）。

图 11-8　甲鱼、汪刺鱼和乌龟养殖外塘

将蝇蛆作为水产养殖饲料取得了可观的经济效益。以甲鱼为例，2 个 50 m^2 的养殖池，均投施甲鱼苗 1 500 只，分别由蝇蛆和普通甲鱼饲料喂养进行对比。收获时，用蝇蛆喂养的甲鱼产量为 673 kg，用普通饲料喂养的甲鱼产量为 596 kg，蝇蛆喂养增产近 13%。在饲料成本方面，同期可节省成本近 57%。采用生态放养加蝇蛆投喂饲养的甲鱼甲背光洁平整有蜡质光感，甲鱼黄中透翠，翠中泛黄，形体矫健，肌肉紧实，腹软骨弹性强度较大，用手指抵压后反弹力大，裙边比较厚，硬实不易垂落；而传统方式加普通饲料喂养甲鱼甲背粗糙且无光质感，黑中透绿色，体态臃肿，肌肉松软，腹部软骨弹性弱，用手指抵压后反弹无力，裙边柔软，肉感很薄，容易垂落。由生态放养和蝇蛆投喂饲养的甲鱼菜谱也受到消费者的喜爱，目前研发的菜式有：甲鱼煲、红烧甲鱼、干锅飘香甲鱼、红枣红参甲鱼汤、清蒸甲鱼、烹饪甲鱼（图 11-9）。

图 11-9　产品甲鱼及甲鱼菜谱

由蝇蛆饲养的生态优质甲鱼品牌“江南旺”取得了国家无公害产地和产品认证，深受消费者喜爱（图 11-10）。

蝇蛆可以进一步深加工为蛋白质保健产品，以满足儿童和成人建议的氨基酸摄入量。各类蛋白质的限制氨基酸，一般为赖氨酸、蛋氨酸、苯丙氨酸、色氨酸，在蝇蛆中的含量都很丰富。将蝇蛆作为蛋白质保健产品，往深加工和附加值高的方向开发具有非常好的市场前景。

深加工产品有以下几种开发方向。选择体态完整的蝇蛆，经过加工制成风味各异的蝇蛆罐头；将蝇蛆加工成蝇蛆酱油，具有味道鲜美和营养丰富的特点[11]；将老熟蝇蛆、白酒和红枣作为原料，加工成保健酒，口味甘醇，具有安神、养心、健脾等功效[11]；

以无菌蝇蛆为原料制备蝇蛆蛋白饮料，香气宜人，口感光滑细腻，酸甜可口[12]；将鲜蝇蛆加工成蝇蛆氨基酸口服液，产品具有抗疲劳、增强免疫力等作用[13]；将蝇蛆直接酶解加工成各种氨基酸功能饮料，或将蝇蛆溶解蛋白作为软饮料强化剂使用[14]；利用各种有效的中草药成分，饲养能抑制和治疗癌症等多种疑难杂症的抗癌蛆或功能蛆，干蛆或蛆蛋白可直接入药[15]；利用蝇蛆提取抗菌肽和甲壳素，抗菌肽是指昆虫体内经诱导产生的一类具有抗菌活性的碱性多肽物质，其生物活性在医药、农业、饲料业有良好的应用前景[16]，甲壳素富集于蝇蛆的体壁，具有强化免疫机能、抑制老化、修复细胞等优良的生理功效[17]。

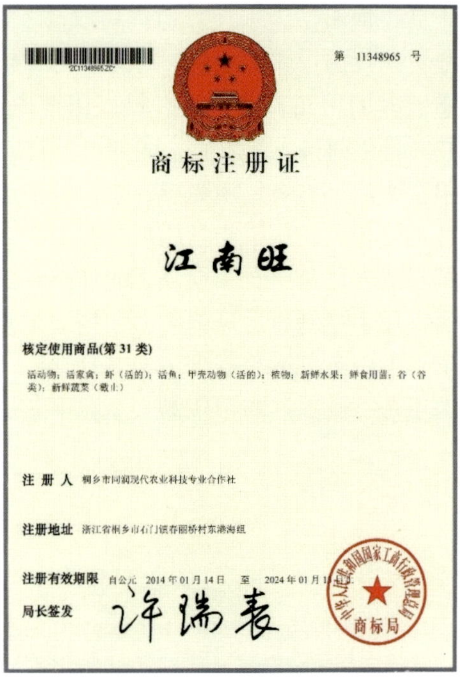

图 11-10 “江南旺”商标注册

蝇蛆蛋白粉为鲜虫经过清洗、高温干燥、粉碎、萃取、脱脂及灭菌而成，主要成分为蛋白质、脂肪和甲壳素，含特有的抗菌肽。2018年国家卫计委新食品原料受理了蝇蛆蛋白粉［卫食新申字（2017）第 0008 号］，这是卫计委首次受理蝇蛆来源的蛋白质产品[16]。蝇蛆蛋白粉可作为水产或畜禽动物的饲料添加剂，能够提高水产或畜禽动物的蛋白吸收利用率和机体免疫力[18]。

另外，由于鱼骨、肉粉常年需要进口且运输成本较高、价格昂贵，而蝇蛆喂养方式简单易操作、来源较广，蝇蛆产品可以直接饲喂或加工粉碎饲喂，实现资源化利用，降低养殖成本[19]。蝇蛆油是以高蛋白蝇蛆为原料，采用机械压榨、溶剂萃取热浸、超声辅助溶剂浸提、微波辅助溶剂浸提等工艺，使油脂从原材料中分离出来。蝇蛆脂质及油脂富含大量的不饱和脂肪酸，具有抗氧化、防衰老、预防疾病等功效，可作为优质营养调和宠物食品用油，补充油酸、亚油酸和亚麻酸，或用于制药、保健食品添加用油、化妆品添加剂、工业润滑油等领域[20]。

蝇蛆富含的营养成分还能应用于医药品的开发利用。蝇蛆能生活在开放性创伤的部位，既吞食坏死组织、又分泌灭菌物质；既可防止重复感染、又可因蛆的蠕动刺激新细胞的生长[21]。蛆虫虫包在治疗大鼠急性感染性创面模型时，具有理想的抗菌作用，其促进创面愈合效果与外用抗生素莫匹罗星软膏相似，而蛆虫具有更强的促进毛细血管生成作用和促进神经组织再生能力[22]。下面简单介绍蝇蛆医用开发的有效成分。

（1）抗菌肽：具有分子量低、热稳定、强碱性和广谱抗菌等特点，对金黄色葡萄球菌、肠产毒性大肠杆菌及柑橘溃疡病菌等细菌生长有抑制作用，对病毒、原虫，多种癌细胞及动物实体瘤有明显的杀伤作用[23]。蝇蛆抗菌肽的效力高于其他抗菌素，这是家蝇出入于污浊环境却百毒不侵的奥秘。

（2）几丁质：较纯的几丁质存在于蛆蛹羽化后蜕下的外壳，它属于氨多糖类，可以进行生物缓解，不仅能够强化肝脏功能、通便润肠、清除人体代谢废物、降低血脂血糖，还能抑制胃溃疡、选择性地凝集白血病细胞、降低胆固醇等[24]。

（3）壳聚糖：广泛存在于虾蟹的外壳，是自然界唯一的碱性多糖，具有抑菌、抗癌、降脂、增强免疫等多种生理功能，已广泛应用于医药、食品、轻纺、农业和环境保护等行业[25]。蝇蛆壳中含有丰富的甲壳素（8%～10%），壳聚糖是甲壳素经过脱去2位乙酰基得到的产物，脱乙酰度达到约55%以上成为壳聚糖[26]。蝇蛆壳聚糖通过升高高密度脂蛋白胆固醇，促进胆固醇的逆向转运，抑制低密度脂蛋白胆固醇氧化修饰，调节血脂水平；通过提高超氧化物歧化酶活性，增强机体抗脂质过氧化作用的能力，调节血脂水平；通过促进一氧化氮的生成和释放，改善血管内皮的功能，调节血脂水平[27]。

（4）凝集素：是蝇蛆体内又一种生物活性物质。凝集素不同于免疫球蛋白的蛋白质或糖蛋白，它能与糖专一地、非共价地可逆结合，并具有凝集细胞和沉淀聚糖或糖复合物的作用。研究表明，凝集素能使动物体内干扰素和肿瘤破坏因子活化，因而具有杀死癌细胞的作用，这是一种极有前途和有待开发的医治肿瘤的新型药物[26]。

蝇蛆中提取的抗菌肽、几丁质、壳聚糖等物质除了可以应用于医药领域外，也可广泛应用农业领域中。抗菌肽具有杀虫活性，该优良特性可被利用于生产抗虫性植物和新型化学杀虫剂。多种昆虫群体含菌胞共生体，这些共生体为昆虫提供重要的氨基酸和其他化学营养物质。因此，基于抗菌肽对细菌内生共生菌的作用而展开的害虫防治策略颇具前景[28]。抗菌肽控制害虫的另一个途径是扰乱几丁质的合成进程，例如多氧霉素是一类从链霉素中分离的多肽核苷酸，它们能抑制几丁质合成酶从而可以阻止昆虫表面几丁质的合成，而昆虫体内体外大多数是由几丁质组成的，没有这些隔膜昆虫很容易受到感染而死亡[29]。抗菌肽可以用于采摘后作物的防腐，在马铃薯中转入*MsrA3*基因，除了控制其生长过程中的疾病外，也可提前避免采摘后贮藏时病原体对其的危害，转入抗菌肽基因改造的马铃薯块茎储存超过两年也不会受病原菌为害[30]。抗菌肽在水产中还能起到减少水产类疾病的危害的作用，在一项试验中，感染鳗弧菌的大马哈鱼接受每天一定剂量的酰胺化抗菌肽（pleurocidin，分离自美洲拟鲽的皮肤黏液）治疗，在其皮肤分泌液中发现了同美洲拟鲽相似序列的抗菌肽[31]。用几丁质/壳聚糖制作的果蔬被膜剂材料具有防止果蔬失水，保持果蔬原色原味，抑制果蔬呼吸强度，降低果蔬在储藏过程中营养成分的损失，阻止微生物的侵染，减少果蔬腐烂率。几丁质具有广谱抗菌性，能抑制各类病原菌及大肠杆菌，用作食品的防腐剂，增强食品的保存性[32]。用壳聚糖处理作物种子，可提高种子发芽率，增强作物幼苗对外界不利因素的抵抗力，增加苗重，促进植物根系生长，增强光合作用，提高作物产率，改善作物品质，因而可作为植物生长调节剂[33]。壳聚糖可作为具有一定孔径的包膜材料，可控制肥料的释放，同时本身完全降解的同时也释放出大量的C、N，促进土壤有益菌群生长，起到改良土壤的作用[34]。将壳聚糖覆盖于果蔬表面，可减少果蔬蒸腾作用，而且对气体有一定的选择渗透作用，能阻挡外界氧气进入膜内，提高果蔬组织内CO_2含量和减少乙烯逸出，从而降低了果蔬呼吸代谢强度，减缓果蔬熟化，达到保鲜目的[35]。

2. 有机肥的资源开发和利用

餐厨垃圾的主要成分为淀粉类食物残余、蔬菜、动植物油、肉骨等，化学组成分类为淀粉、纤维素、蛋白质、脂类党和无机盐，重金属含量较低[36]。恒易环保餐厨垃圾三项料有机质经加工的有机肥经过湖北省产品质量监督检验研究院检测（No.HG202301466）符合 NY 525—2012《有机肥料》和 GB 183282—2001《有机肥标识内容和要求》。检测报告显示：有机质质量分数 46%、总养分质量分数（$N+P_2O_5+K_2O$）9.8%（其中总氮 2.69%、总磷 5.16%、总钾 1.92%）、水分（鲜样）质量分数 10%、酸碱度 7.6、总砷（As）1 mg/kg、总汞（Hg）0.02 mg/kg、总铅（Pb）4 mg/kg、总镉（Cd）1 mg/kg、总铬（Cr）17 mg/kg、蛔虫卵死亡率 100%、粪大肠菌群数<3 个 /g。与有机肥重金属限量标准相比，餐厨垃圾堆肥产品重金属含量均符合且远低于限量要求。

随着我国乡村全面振兴的快速推进和现代农业的快速发展，具有更高经济价值的经济作物、果树及花卉种植栽培面积正逐年扩大，在种植过程中为了提高土壤肥力、增加产量、改善品质，每年都需要施用大量有机肥。因此，开发不同作物、果树或花卉专用有机肥将是以后有机肥的主要发展方向，如普通有机肥、有机—无机复混专用肥、生物炭基有机肥、生物功能有机肥等。

有机—无机复混专用肥指的是在有机肥料中加入化肥混合，可以造粒或者直接掺混后使用。

生物炭基有机肥指的是生物炭与来源于植物或动物的经过发酵腐熟的含碳有机物料混合制成的肥料。

生物有机肥是指特定功能微生物与经无害化处理、腐熟的有机物料复合而成的一类兼具微生物肥料和有机肥效应的肥料。

蝇蛆生物转化消化产生的基质加工而成的有机肥主要应用于果树及蔬菜等经济作物的种植栽培，如草莓、花卉、杭白菊、梨树、猕猴桃、葡萄树、水稻等（图 11-11）。生产有机肥受到果蔬种植户、专业合作社以及种粮大户的喜爱和认可。

二、制备生物饲料

餐厨垃圾无害化处置后三相分离有机固化物可用于制备生物饲料，通过技术工艺或集成设备开展高效、安全、节能、环保的餐厨垃圾制备生物蛋白饲料流程，使新产品高值化。

当前，将餐厨垃圾产物作为生物饲料仍存在同源性污染的风险，因此从灭菌温度、持续时间、生物法的发酵时间、转化效率等角度出发，综合考量，研发一种能将动物饲料使用时可能存在同源性污染风险降到最低甚至无此风险的餐厨垃圾制备饲料关键技术至关重要。

图 11-11　有机肥在草莓、花卉、杭白菊、梨、猕猴桃、葡萄、水稻上的应用

第十二章　沼气的资源化利用

净化后的沼气用于厂区日常用电（如照明），同时用于沼气蒸汽发生器，产生的高温蒸汽用于“干热水解”过程中的加热过程，实现资源的循环利用，这在很大程度上节约了厂区的用电量，同期厂区用电量对比数据如表 12-1 所示。

表 12-1　不同年份同期餐厨垃圾处理用电量费用对比

指标	2023 年			2024 年		
	1 月	2 月	3 月	1 月	2 月	3 月
餐厨、生鲜垃圾总量（t）	3 124.01	4 186.915	5 154.785	5 328.87	3 581.885	5 335.77
总电费（元）	234 077.82	244 898.53	244 696.55	278 091.82	179 056.78	159 387.1
平均每吨电费（元）	74.93	58.49	47.47	52.19	49.99	29.87
① 1 月平均每吨电费下降 22.74 元						
② 2 月平均每吨电费下降 8.5 元						
③ 3 月平均每吨电费下降 17.6 元						

目前沼气平均每日的产量远远超过厂区日常用电需要的沼气量，恒易环保已建设包含增加 3 组 200 kW 静音型沼气发电机组在内的工程，该工程充分利用所有沼气，除满足厂区日常用电外，还可为地区能源供应提供资源化利用（表 12-2、图 12-1）。

表 12-2　2024 年 4 月部分时段 3 组发电机发电量及园区用电使用量情况

序号	日期	当天发电使用量（kW·h）	1 号发电机发电量（kW·h）	2 号发电机发电量（kW·h）	3 号发电机发电量（kW·h）	合计发电量（kW·h）参考值
1	4.1	6 810	2 830	1 735	2 872	7 437
2	4.2	7 320	2 611	2 615	2 615	7 841
3	4.3	7 050	2 559	2 566	2 560	7 685
4	4.4	7 440	2 482	2 780	2 784	8 046
5	4.5	7 800	2 799	2 798	2 798	8 395
6	4.6	7 470	2 460	2 817	2 817	8 094
7	4.7	7 470	2 691	2 691	2 691	8 073
8	4.8	7 350	2 855	2 856	2 244	7 955
9	4.9	7 560	2 789	2 789	2 563	8 141
10	4.10	7 230	2 648	2 603	2 649	7 900

（续）

序号	日期	当天发电使用量（kW·h）	1号发电机发电量（kW·h）	2号发电机发电量（kW·h）	3号发电机发电量（kW·h）	合计发电量（kW·h）参考值
11	4.11	7 770	2 747	2 746	2 746	8 239
12	4.12	7 290	2 653	2 643	2 819	8 115
13	4.13	7 860	2 927	2 925	2 590	8 442
14	4.14	7 740	2 834	2 835	2 822	8 491
15	4.15	7 710	2 758	2 760	2 760	8 278

图 12-1　沼气发电设备

参考文献

[1] 李昌珠，等．生物柴油．北京：化学工业出版社，2005.

[2] 刘雨霞，徐加霸，张强斌，等．我国餐厨废油制取生物柴油的开发应用进展与展望．生态学杂志，2021，40（7）：2243-2250.

[3] 谭业琴．国内餐厨垃圾提油技术综述．中国资源综合利用，2022，40（10）：96-100.

[4] 许晓锋，林琦．我国餐厨垃圾资源化处理技术现状及建议措施．环境与发展，2020，32（11）：73-74.

[5] 陈广飞，冯向鹏，赵苗，等．废油脂制备生物柴油技术．北京：化学工业出版社，2015.

[6] 张春波，尚伟来，邹文武．有机—无机复混肥料的生产工艺及检测方法．磷肥与复肥，2003（5）：43-44.

[7] 姚建武，柯玉诗，黄庆．我国有机肥产业化发展现状及主要生产工艺．广东农业科学，

2005（1）：54-55.
[8] 王达瑞，张文霞，陆源，等．家蝇幼虫营养成分的分析及利用．昆虫知识，1991（4）：247-249.
[9] 朱绍辉，张国雨，王晓丽，等．蝇蛆的营养价值及在水产养殖方面的应用．饲料研究，2012（4）：59-61.
[10] 刘敏，张海涛，孙广文．水产饲料中动物性蛋白源替代鱼粉的研究进展．饲料工业，2019，40（22）：48-54.
[11] 朱芬，石志辉．食用昆虫蛋白的资源特性及开发前景．中国食品学报，2022，22（6）：44-52.
[12] 张闪闪，任国栋，李彦艳，等．无菌工程蝇蛆蛋白饮料的研制．食品研究与开发，2012，33（3）：83-87.
[13] 何凤琴．家蝇养殖与综合利用技术．中国农业出版社，农村读物出版社，2006.
[14] 石爱民．食用家蝇养殖与蛋白饮料的研究．保定：河北大学，2003.
[15] 吴莉敏．蝇蛆的营养价值及开发利用．吉林农业，2012（04）：225-226.
[16] 朱丽可，汤晓艳，田延威，等．餐厨废弃物昆虫生物转化资源利用中的应用研究．环境保护与循环经济，2023，43（5）：1-6.
[17] 张青．蝇蛆壳寡糖的制备及其性能研究．广州：华南理工大学，2018.
[18] 乔永刚．鱼类饲料中蝇蛆培养物替代鱼粉的研究．青岛：中国海洋大学，2014.
[19] 蒋亮，何俊．蝇蛆及其提取物在动物生产中的应用．家畜生态学报，2020，41（5）：71-77.
[20] 国洪旭．蝇蛆油脂、蛋白粉和甲壳素的制备工艺研究．昆明：昆明理工大学，2016.
[21] 王江宁，王寿宇，赵贵庆，等．蛆虫疗法修复严重感染创面的应用体会．中国实用美容整形外科杂志，2004（6）：294-296.
[22] 褚进，言力韬，商超，等．活体蛆虫治疗大鼠急性感染创面的研究．大连医科大学学报，2017，39（2）：121-126.
[23] 黄小建，李跃龙，戚南山，等．抗菌肽的生物学活性及其在畜禽生产中的作用．动物医学进展，2020，41（12）：115-119.
[24] 刘杰，刘天龙．蛆壳几丁质在医药领域中的应用．今日科技，1998（12）：5-6.
[25] 秦秋香，郭祀远．壳聚糖的成膜性及其工业应用进展．现代食品科技，2007（4）：93-96.
[26] 贺继东，夏文水．工程蝇蛆的开发利用和深度加工．食品工业科技，2002，23（12）：90-93.
[27] 覃容贵，吴建伟，张国果，等．蝇蛆壳聚糖降血脂作用机制探讨．中国生化药物杂志，2011，32（4）：294-296.
[28] 林碧敏，曹庸．抗菌肽在农业和食品工业的应用．广东蚕业，2013，47（3）：47-51.
[29] 裴志花，孙小宁，王开，等．抗菌肽在多领域应用的研究进展．中国兽医杂志，2014，50（11）：99-101.
[30] 汪吴晶，高金燕，佟平，等．抗菌肽的作用机制、应用及改良策略．动物营养学报，

2017，29（11）：3885-3892.

［31］胡玉伟，王小云，管楚雄，等．抗菌肽在农业和食品工业上的应用．广东农业科学，2012，39（12）：117-121.

［32］刘高强，刘卫星．几丁质/壳聚糖及其衍生物在食品工业中的应用．安徽农业科学，2006（15）：3796-3797.

［33］蒋小姝，莫海涛，苏海佳，等．甲壳素及壳聚糖在农业领域方面的应用．中国农学通报，2013，29（6）：170-174.

［34］黄喧喧，马海红，孙畅，等．改性酰化壳聚糖缓释肥包膜材料的制备与表征．高分子材料科学与工程，2016，32（6）：133-137.

［35］陈佳阳，乐学义．壳聚糖及其衍生物在农业上的应用．化学研究与应用，2011，23（1）：1-8.

［36］黄博．餐厨垃圾分选有机废物热解特性及示范工程研究．北京：北京化工大学，2017.

第四部分

企业发展的实践成果

第十三章　企业标准和专利产权

一、企业标准

（一）餐厨垃圾无害化处理有机物（Q/HY 002—2020）

（二）餐厨垃圾再生工业级混合油脂（Q/HY 001—2020）

（三）餐厨垃圾干热处理与蝇蛆转化利用技术规范（Q/330483TXHYHB0012019）

图 13-1　公布 3 条企业标准

二、团体标准

（一）餐厨垃圾干热水解处理系统设计及运维要求（T/EERT 017—2021）

Q/HY

桐乡恒易环保科技有限公司企业标准

Q/HY 002—2020

餐厨垃圾无害化处理有机物

2020-04-20 发布　　　　2020-05-01 实施

桐乡恒易环保科技有限公司 发布

前　言

本标准按照 GB/T 1.1—2009《标准化工作导则　第 1 部分：标准的结构和编写》给出的规则起草。

本标准由桐乡恒易环保科技有限公司提出。

本标准起草单位：桐乡恒易环保科技有限公司。

本标准主要起草人：钱耀洲、姚洪根、朱贤晖、茅威挺、朱晓琴、汤家顺、朱杰。

本标准于 2020 年首次发布。

餐厨垃圾无害化处理有机物

1 范围

本标准规定了餐厨垃圾无害化处理有机物的术语和定义、分类、技术要求、试验方法、检验规则、标志、包装、运输和贮存等要求。

本标准适用于从餐厨垃圾中回收的工业油脂原料用油，不适用于食用和食品加工行业原料用油。

2 规范性引用文件

下列文件对于本文件的应用是必不可少的。凡是注日期的引用文件，仅所注日期的版本适用于本文件。凡是不注日期的引用文件，其最新版本（包括所有的修改单）适用于本文件。

GB/T 8576 复混肥料中游离水含量的测定　真空烘箱法

GB/T 18877 有机—无机复混肥料

NY 525 有机肥料

3 术语和定义

下列术语和定义适用于本标准。

3.1

餐厨垃圾无害化处理有机物

餐厨垃圾经等分拣、粉碎制浆、水解、三相分离等工序处理后形成的，具有较高有机质含量的有机物。

4 要求

4.1 外观要求

餐厨垃圾无害化处理有机物呈淡黄色流体，无机械、玻璃、塑料等无机杂质。正常光照下目测。

4.2 技术指标

餐厨垃圾无害化处理有机物的技术要求见表 1。

表 1　餐厨垃圾无害化处理有机物的技术要求

项目	指标	试验方法
有机质含量，%	≥75	NY 525—2012 中 5.2 章节
含水率，%	≤80	GB/T 8576（真空烘箱法）

4.3　重金属限量

餐厨垃圾无害化处理有机物的重金属限量见表 2。

表 2　餐厨垃圾无害化处理有机物有害物质限量

项目，以烘干基计	指标	试验方法
总砷，mg/kg	≤15	GB/T 18877
总汞，mg/kg	≤2	
总铅，mg/kg	≤50	
总镉，mg/kg	≤3	
总铬，mg/kg	≤150	

5　检验规则

5.1　组批规则

以一个运输批次的产品为一批。

5.2　抽样规则

用勺或铲从物料的随机部位取样，按 NY 525—2012 中的 6.5.3 章节进行样品缩分。

5.3　检验分类

分为出厂检验项目和型式检验项目。出厂检验项目包括：外观要求、有机质含量及含水率；型式检验项目为第 4 章规定的全部项目，并且有下列情况之一时，应增加一次型式检验。

——新产品投产时；

——原料或生产工艺有较大的改变时；

——停产时间超过半年，恢复生产时；

——正常生产时，每年至少进行一次；

——出厂检验结果与上次型式检验有较大差异时；

——当国家质量监督机构提出要求时。

5.4 判定规则

出厂检验和型式检验项目的检验结果均符合第 4 章技术要求的判为合格。

6 标志、包装、运输和贮存

6.1 包装和标志

餐厨垃圾无害化处理有机物应进行袋装或散装，产品应有下列标志：
——产品名称、制造厂名称和地址；
——毛重和出厂日期。

6.2 运输和贮存

应采用有防渗漏功能的运输工具运输；
运输过程中应避免雨雪淋袭，并远离火源；
贮存在带雨棚的库房内，必要时，库房应做防腐蚀、防渗漏处理。

Q/HY

桐乡恒易环保科技有限公司企业标准

Q/HY 001—2020

餐厨垃圾再生工业级混合油脂

2020-05-20 发布　　　　2020-05-20 实施

桐乡恒易环保科技有限公司　发布

前　言

本标准按照 GB/T 1.1—2009《标准化工作导则　第 1 部分：标准的结构和编写》给出的规则起草。

本标准由桐乡恒易环保科技有限公司提出。

本标准起草单位：桐乡恒易环保科技有限公司。

本标准主要起草人：钱耀洲、姚洪根、朱贤晖、茅威挺、朱晓琴、汤家顺、朱杰。

本标准于 2020 年首次发布。

餐厨垃圾再生工业级混合油脂

1　范围

本标准规定了餐厨垃圾再生工业级混合油脂的术语和定义、分类、技术要求、试验方法、检验规则、标志、包装、运输和贮存等要求。

本标准适用于从餐厨垃圾中回收的工业油脂原料用油，不适用于食用和食品加工行业原料用油。

2　规范性引用文件

下列文件对于本文件的应用是必不可少的。凡是注日期的引用文件，仅所注日期的版本适用于本文件。凡是不注日期的引用文件，其最新版本（包括所有的修改单）适用于本文件。

GB/T 5524　动植物油脂扦样

GB/T 5530　动植物油脂酸值和酸度测定

GB/T 5532　动植物油脂碘值的测定

GB/T 6533　原油中水和沉淀物的测定离心法

SN/T 0801.9　进出口动植物油脂透明度、气味、滋味检验方法

3　术语和定义

本标准采用下列术语与定义。

3.1

餐厨垃圾再生工业级混合油脂

从餐厨垃圾中采用干热水解工艺获得的再生油脂，可用于补充工业油脂原料供应缺口，为油化、日用化工等行业提供原料。

4　要求

4.1　感官要求

感官要求见表 1。

表 1　餐厨垃圾再生工业级混合油脂的感官要求

项目	要求	试验方法
外观	呈深棕色液体	目测
气味	无明显酸败、焦臭或其他异味	SN/T 0801.9

4.2　技术要求

餐厨垃圾再生工业级混合油脂的技术要求见表 2。

表 2　餐厨垃圾再生工业级混合油脂的技术要求

<table>
<tr><th colspan="2">项目</th><th>指标</th><th>试验方法</th></tr>
<tr><td rowspan="2">水杂含量，%</td><td>水分及挥发物含量，%</td><td rowspan="2">≤2</td><td rowspan="2">GB/T 6533</td></tr>
<tr><td>不溶性杂质含量，%</td></tr>
<tr><td colspan="2">碘值，g/100g</td><td>95</td><td>GB/T 5532</td></tr>
<tr><td colspan="2">酸值，mg KOH/g</td><td>≤20</td><td>GB/T 5530，热乙醇测定法</td></tr>
</table>

5　检验规则

5.1　组批规则

以一销售罐的产品为一批。

5.2　抽样规则

样品的抽取规则和方法按 GB/T 5524 中 6.4 章节进行。

5.3　检验分类

分为出厂检验项目和型式检验项目。出厂检验项目包括：感官要求、水杂含量、酸值；型式检验项目为第 4 章规定的全部项目，有下列情况之一时，应进行型式检验。

——新产品投产时；
——原料或生产工艺有较大的改变时；
——停产时间超过半年，恢复生产时；
——正常生产时，每年至少进行一次；
——出厂检验结果与上次型式检验有较大差异时；
——当国家质量监督机构提出要求时。

5.4　判定规则

出厂检验和型式检验项目的检验结果均符合第 4 章技术要求的判为合格。

5.5　复检规则

检验结果中有一项指标不合格，应加倍抽样将此项指标复检一次，复检结果不合格则判定本批产品为不合格。

6　标志、包装、运输和贮存

6.1　包装和标志

餐厨垃圾再生工业级混合油脂应进行罐装，产品应有下列标志：

——产品名称、制造厂名称和地址；

——毛重和出厂日期。

6.2　运输和贮存

用储罐运输和贮存，在运输过程中应避免强烈的机械振动，贮存时应远离火源。

Q/330483TXHYHB0012019

桐乡恒易环保科技有限公司 技术规范

餐厨垃圾干热处理与蝇蛆转化利用技术规范

2019 年 8 月 1 日发布　　2019 年 8 月 1 日实施

前　　言

本规范根据《标准化工作导则　第 1 部分：标准的结构和编写》GB/T 1.1—2009 编写。

目的：餐厨垃圾的处理与处置已成为我国当前城市化进程中亟待解决的重要社会、环保与生态问题。本规范规定了餐厨垃圾的收集、处理场地建设和干热处理与蝇蛆转化利用技术的相关要求，有利于餐厨垃圾的规范化处置与资源化利用，有助于实现餐厨垃圾处置的可持续性。

本规范主编单位为：桐乡恒易环保科技有限公司。

本规范主要起草人：钱耀洲、姚洪根、姚燕来、顾柏明、朱贤晖、钱晓健、费洪标、朱晓琴。

餐厨垃圾干热处置与生物转化技术规范

1　范围

本规范规定了餐厨垃圾收集、运输、处理与资源化产品生产的技术要求。

本规范适用于城乡餐厨垃圾收集、运输、处理与资源化产品生产等环节。

2　规范性引用文件

下列文件对于本文件的应用是必不可少的。凡是注日期的引用文件，仅所注日期的版本适用于本文件。凡是不注日期的引用文件，其最新版本（包括所有的修改单）适用于本文件。

GB 10648　饲料标签

GB 12348　工业企业厂界噪声排放标准

GB 12801　生产过程安全卫生要求总则

GB 13078（所有部分）饲料卫生标准

GB 14554　恶臭污染物排放标准

GB 8978　污水综合排放标准

GB 16297　大气污染物综合排放标准

CJJ/T 52　城市生活垃圾好氧静态堆肥处理技术规程

CJJ 184　餐厨垃圾处理技术规范

NY 525　有机肥料

NY 884　生物有机肥

NY/T 1220（所有部分）沼气工程技术规范

SZDBZ 252—2017　餐厨垃圾处理技术规范

3　术语和定义

3.1

餐厨垃圾

餐馆、食堂、农贸市场及商场超市等向消费者提供食品的生产经营单位，在食品加工经营活动中产生的食物残余、食品加工废料、过期食品、果蔬残体、废弃食用油脂等。

3.2

油脂

从餐厨垃圾中分离、提炼出的脂类化合物。

3.3

不可生物降解固废

餐厨垃圾中混入的包括玻璃渣、陶瓷片、砂石、塑料制品、金属物件等不能生物降解的固体废弃物。

3.4

干热水解

预处理后的餐厨垃圾输送至带有搅拌装置的密闭罐体内部，采用罐体外部加热的方式对物料进行加热分解的过程。

3.5

三相分离

将干热处置后的物料输送至物质分流机进行粗油脂、污水、固体有机物三相分离。

3.6

蝇蛆转化

利用蝇蛆将固体有机物进行分解、消纳、转化为昆虫蛋白的过程。

4　场地要求

4.1　餐厨垃圾处理项目建设，应符合下列要求：

a）餐厨垃圾处置场址的选择应符合区域性环境保护规划和城市总体规划，并进行环境影响评价；

b）餐厨垃圾处置应远离居民区、水源保护区，并位于下风口；

c）餐厨垃圾处置工厂应建设相应的除臭及废气处理、废水处理、废渣处理等环保设施设备。

d）设置餐厨垃圾中转站应适当远离居民集中居住区、人员集聚的公共场所。

4.2　餐厨垃圾处理项目建设，除遵守本规范的规定外，还应符合国家现行有关标准和规范的规定。

4.3　餐厨垃圾好氧制肥处理项目应根据环保要求设置防雨、防渗、除尘设施，并配置完善的通风除臭设施。

5　餐厨垃圾的收集和运输

5.1　餐厨垃圾必须在源头单独收集，不得混入有害垃圾、一般生活垃圾和玻璃、金属、塑料、竹木、瓷器等其他垃圾。对餐饮单位，宜实行产量登记制度，采取定时、定点的收集方式收集。

5.2　餐厨垃圾应由取得特许经营许可证的企业上门收取。

5.3 餐厨垃圾从收集到处置点的存放时间不应超过 24 小时。

5.4 餐厨垃圾应采用专用容器盛装，并与餐厨垃圾专用运输车辆的装载机构匹配，运输车辆应密闭，不得滴漏和溢洒。

5.5 餐厨垃圾运输车辆应按主管部门统一规定喷涂标志，在规定的时间和线路上行驶。

5.6 在餐厨垃圾运输车辆上应安装 GPS 系统，实现运输车辆的实时监控，保障餐厨垃圾运输车辆的规范运行。

5.7 各处理厂设置计量系统，由主管部门监管，在地磅称重系统上安装配置 RFID 读写器及车牌识别系统，实现一车一卡一牌，采用联单记录，并将计量系统与主管部门联网。

6 餐厨垃圾预处理

6.1 除杂

根据物料直径大小原理，利用滚筒分离筛将餐厨垃圾中混入的大块塑料、竹木、玻璃、砂石、金属物质筛选分离，除杂后的餐厨垃圾进入后续系统。

6.2 精细粉碎

利用粉碎机将除杂后的餐厨垃圾粉碎成形成浆液状。

6.3 沉沙

根据物料的比重，通过分级沉淀将餐厨垃圾中残留的细小玻璃、陶瓷、金属、石块等不可生物降解垃圾分离去除后，将上述物质作为生活垃圾处理，进入干热水解。

7 干热水解

沉沙后的餐厨浆液经管道送至具有搅拌功能的密闭不锈钢热解罐进行干热水解，采用在罐体外部盘设蒸汽管的方式加热，蒸汽管外部设置保温层，罐内温度要求 100℃持续 40～60 min。

8 三相分离

经干热水解后的餐厨浆液用螺杆泵输送至三相分离机分离，分离温度不得低于 70℃，转速在 3 000 r/min 以上，分离得到油脂、废水和固体有机物料。

9 蝇蛆转化

固体有机物料用布料机均匀平铺在蝇蛆养殖槽中，物料厚度为 5～7 cm，每平方米投放孵化 24 h 内的蝇蛆幼虫 20 万～50 万条。养殖 5～7 d，待蝇蛆体色由乳白色转为淡黄色时，收获蝇蛆。

10　好氧堆肥

蝇蛆收获后的物料及废水处理的沼渣用于好氧堆肥，宜采用槽式堆肥。当堆体温度大于 50℃时，应每天翻堆一次，直至堆肥腐熟，要求发芽指数大于 70%。可进一步加工成商品有机肥和生物有机肥产品。

11　废水处理

分离出来的废水进入集水池，经调节池预处理降至 39℃以下，采用厌氧 + 好氧的工艺处理，达到纳管标准后进行纳管。厌氧发酵产生的沼气用于发电和干热水解供能。

12　废气处理与排放

应对餐厨垃圾处理厂的卸料、暂存、输送、处理等各个产生臭气的环节采取密闭措施，车间内应采用微负压进行气体收集，收集的臭气采用专门的臭气处理设备处理达标后 15 m 高空排放。

13　废弃物处理

除杂、沉沙等产生的废弃物由环卫部门处理。

14　资源化利用产品要求

14.1　油脂

分离油脂的水杂含量≤2%，酸价≤20 mg/g，硫含量≤50 mg/kg。油脂应由具备相应资质的单位回收。

14.2　蝇蛆蛋白

粗蛋白含量≥50%（以干基计），重金属含量符合饲料卫生标准。

14.3　肥料产品

有机肥料的质量技术指标、重金属限量指标、卫生指标等应符合 NY 525 的规定；
生物有机肥的质量技术指标、重金属限量指标、卫生指标等应符合 NY/T 884 的规定。

ICS 13.030.40
CCS J 88

团　　　体　　　标　　　准

T/EERT 017—2021

餐厨垃圾干热水解处理系统设计及运维要求

Design and operation for dry-thermal hydrolysis treatment system of food waste

2021-10-21 发布　　　　2021-11-01 实施

浙江省生态与环境修复技术协会　发布

前　言

本文件按照 GB/T 1.1—2020《标准化工作导则　第 1 部分：标准化文件的结构和起草规则》的规定起草。

本文件中的某些内容可能涉及专利，文件的发布机构不承担识别这些专利的责任。

本文件由桐乡恒易环保科技有限公司提出。

本文件由浙江省生态与环境修复协会标准化技术委员会归口。

本文件起草单位：桐乡恒易环保科技有限公司、桐乡市桐宇环保科技有限公司、嘉兴标品农业科技有限公司。

本文件主要起草人：钱耀洲、姚洪根、朱贤晖、潘建根、俞燕红、茅威挺、范伟力、顾发忠。

本文件为首次发布。

餐厨垃圾干热水解处理系统设计及运维要求

1 范围

本文件规定了餐厨垃圾干热水解处理系统（简称“处理系统”）的术语和定义、设计要求、技术要求和运行要求。

本文件适用于采用干热水解工艺对餐厨垃圾进行处理的系统，不适用于湿热水解工艺。

2 规范性引用文件

下列文件中的内容通过文中的规范性引用而构成本文件必不可少的条款。其中，注日期的引用文件，仅该日期对应的版本适用于本文件；不注日期的引用文件，其最新版本（包括所有的修改单）适用于本文件。

GB/T 3280—2015 不锈钢冷轧钢板和钢带

GB 14554 恶臭污染物排放标准

GB/T 17393 覆盖奥氏体不锈钢用绝热材料规范

GB/T 24001 环境管理体系　要求及使用指南

GB/T 33000 企业安全生产标准化基本规范

CJ/T 106 生活垃圾生产量计算及预测方法

CJ/T 478 餐厨废弃物油水自动分离设备

3 术语和定义

下列术语和定义适用于本文件。

3.1

餐饮垃圾 restaurant food waste

餐馆、饭店、单位食堂等的饮食剩余物以及后厨的果蔬、肉食、油脂、面点等的加工过程废弃物。

3.2

厨余垃圾 food waste from household

家庭日常生活中丢弃的果蔬及食物下脚料、剩菜剩饭、瓜果皮等易腐有机垃圾。

3.3

餐厨垃圾 food waste

餐饮垃圾和厨余垃圾的总称。

3.4

干热水解 dry-thermal hydrolysis

通过供热介质（热媒）对餐厨垃圾进行间接加热，实现物料水解、杀菌，提升水、固、油三相分离效果，并减少污水产生量的工艺。

3.5

餐厨垃圾干热水解处理系统 dry-thermal hydrolysis treatment system of food waste

采用干热水解对餐厨垃圾进行无害化处置、资源化利用的自动化处理系统，主要包括进料、分选破碎、干热水解、三相分离、收集储存、自动化控制等装置模块。典型处理工艺见附录 A。

4　设计要求

4.1　总则

4.1.1　应遵循无害化处置、自动化控制、资源化利用、不产生二次污染的设计原则。

4.1.2　易损耗设备应采取“一备一用”的设计模式。

4.2　处理能力

宜采用 CJ/T 106 给出的方法，计算区域内餐厨垃圾产生量并预测其变化，设计适宜的处理能力，并预留未来可能的处理能力增加，确保餐厨垃圾可及时全部得到处理。表 1 给出了处理系统的主要装置设计处理能力与餐厨垃圾实际产生量的关系。

表 1　处理能力设计

当地餐厨垃圾日产生量（R）（吨 / 天）	处理系统整体处理能力设计（吨 / 天）	进料装置设计能力	干热水解设计能力	三相分离设计能力
R≤30	50	25 m^3 × 2 组	10 m^3 ×（4～6）组	10 m^3/h × 1 组
30＜R≤80	100	50 m^3 × 2 组	10 m^3 ×（8～10）组	10 m^3/h × 2 组
80＜R≤120	150	50 m^3 × 2 组	15 m^3 ×（8～10）组	10 m^3/h × 2 组
120＜R≤170	200	75 m^3 × 2 组	15 m^3 ×（10～12）组	20 m^3/h × 2 组
170＜R≤220	250	75 m^3 × 2 组	20 m^3 ×（8～10）组	20 m^3/h × 2 组
R＞220	300	75 m^3 × 2 组	20 m^3 ×（10～12）组	20 m^3/h × 2 组

4.3　系统布局

4.3.1　处理系统布局应合理，考虑瓶颈工序对处理能力的限制，空间布局时应留有余地。

4.3.2　应选用自动化水平高且运行稳定的设备，同型号或结构功能相似的设备零部件应具有互换性，各部件的设计与选择应满足：

a）管路、线路走向设计合理、布置整齐，不与运动零件发生碰撞、干涉和摩擦；

b）与餐厨垃圾直接接触部位应至少采用 GB/T 3280—2015 规定的牌号为 06Cr19Ni10（又称 304）的不锈钢；

c）驱动部位及操作频繁区域应设置检修平台并配置适当的防护措施。

4.4 处理系统应在微负压车间内运行，车间负压 -10～-5 Pa 为宜。

4.5 进料要求

进入处理系统的餐厨垃圾应符合以下要求：

a）生活垃圾比例≤15%；

b）无大颗粒金属、布料、袋状等异物。

5 技术要求

5.1 进料

5.1.1 进料装置包括卸料斗、物料提升机和暂存池等部件，应配备整体封闭罩壳、风幕机以及与臭气处理系统的接口，并具备金属筛分功能。

5.1.2 单个卸料斗的容量不小于当地餐厨垃圾转运车的最大容量。

5.1.3 物料提升机宜采用液压驱动，并设置单向限速阀。

5.1.4 暂存池应具有初级固液分离功能，选用带孔斜板，孔径 5 mm ± 1 mm，斜板角度 30°～60° 为宜，并设有废水出水口。

5.2 分选破碎

5.2.1 分选破碎装置包括圆筒筛、粉碎制浆机和初筛设备，除收料接口与出料接口外，应配备整体封闭罩壳，并预留与臭气处理系统的接口。

5.2.2 圆筒筛应具有破袋功能，对于 200 mm 以上的袋装垃圾，破袋率不低于 80%，并设有筛网，筛网孔径 75～100 mm 为宜。

5.2.3 粉碎制浆机宜选用变频调速驱动。

5.2.4 初筛设备筛网孔径以 6～8 mm 为宜，分选率不低于 90%。

5.3 干热水解

5.3.1 干热水解装置由若干干热水解罐组成，单个干热水解罐应设有进料口、废气收集口、出料口、视镜口、内外盘管道及搅拌等装置，宜设置防堵及沉沙装置。

5.3.2 罐体表面应采用符合 GB/T 17393 且导热系数不大于 0.08 W/（m·K）的不燃类保温材料保温。

5.3.3 进料方式宜采用不锈钢泵送方式，动力控制宜采用变频调速控制进出料速度。

5.3.4 具备根据进料量调整供热介质的能力。

5.4　三相分离

三相分离装置应符合 CJ/T 478 的规定，处理能力与数量相适应。

5.5　收集储存

5.5.1　应建立配套的臭气收集和处理设施，臭气收集率不小于 98%，表 2 给出了臭气收集装置的设置部位及收集方式。

表 2　臭气收集装置的设置

设置部位	收集方式
暂存池	有组织
分选破碎转置沉沙区	有组织
干热水解罐体	有组织
三相分离装置	有组织
废水处理设施	有组织
废渣暂存区域	无组织

5.5.2　收集的臭气应进行处理，符合 GB 14554 的要求后排放。

5.5.3　应建立废水、固体残渣、油脂的暂存设施，其储存能力与处理系统的处理能力相适应，表 3 给出了废水、固体残渣和油脂最低储存能力。

表 3　废水、固体残渣、油脂储存能力

处理系统整体处理能力设计（吨 / 天）	储存能力		
	废水	固体残渣	油脂
50	100 m^3	20 t	50 m^3 × 2 组
100	200 m^3	30 t	50 m^3 × 2 组
150	300 m^3	40 t	50 m^3 × 3 组
200	400 m^3	60 t	50 m^3 × 3 组
250	500 m^3	80 t	100 m^3 × 2 组
300	600 m^3	90 t	100 m^3 × 3 组

5.6　自动化控制

5.6.1　自动化控制包括数据采集系统和一体化数据信息平台，鼓励建设管理驾驶舱。

5.6.2　采集系统包括视频监控器、各类传感器以及数据传送等装置，可感应并传输各装置模块的温度、速度、压力、液位等基本信息，表 4 给出了部分采集系统及控制的要求。

表 4 自动化控制要求

装置名称	监控区域	信息采集方式	自动化控制说明
进料装置	进料卸货区	视频	远程监控
	自动提升机	视频	
	暂存池	视频	
分选破碎装置	进料口	视频	远程控制液压门开合大小
干热水解装置	干热水解罐	温度传感器	远程控制蒸汽的关闭，具有自动提醒功能
		液位控制器	实时显示液位，自动控制离心泵开闭
		视频	远程监控
三相分离装置	三相分离机	液位控制器	监控油的上下液位，启动 / 关闭油泵

5.6.3 一体化数据信息平台可对采集的信息进行分析，对异常关键指标预警，通过开启 / 闭合阀门、变频等手段，实现对装置模块的远程控制。

6 运行要求

6.1 工艺运行

6.1.1 应制定并执行餐厨垃圾处理工艺规程，表 5 给出了餐厨垃圾干热水解系统各装置的主要运行参数。

表 5 系统各装置的主要运行参数

名称	指标名称	控制要求
进料	卸料斗绞龙转速	（30～35）r/min
	暂存池绞龙转速	
分选破碎	一级筛选转速	（60～65）r/min
	制浆机转速	（1 450～1 500）r/min
	二级筛选转速	（1 450～1 500）r/min
干热水解	搅拌	（25 ± 5）r/min
	温度	（80～100）℃
	时间	（1～2）h
三相分离	主电机转速	（1 750 ± 100）r/min
	副电机转速	（875 ± 50）r/min

6.1.2　经处理后，废水含油率≤200 mg/L，油脂含水率≤2%。

6.2　数据报表

6.2.1　应以自然日为单位，建立餐厨垃圾处理台账，包括进料量、处理量、产生油脂量、使用蒸汽量、产生生活垃圾量、有机残渣量以及废水量等。
6.2.2　油脂、生活垃圾、残渣的外运以及废水的处置应有记录。
6.2.3　应定期分析餐厨垃圾进料量、处理量、油脂量、废水、有机残渣量重量之间的对应关系。

6.3　安全环保

6.3.1　应设立专职安全、环保管理机构，配备专、兼职管理人员，建立并运行安全、环保管理规章制度。
6.3.2　宜根据 GB/T 33000 的要求建立安全标准化管理体系，应定期对运行过程的安全隐患进行排查和排除，措施包括但不限于：

a）机械设备转动部位应设置防护罩；

b）照明灯应采用安全电压防爆型灯具；

c）应对蒸汽管道、高温罐体采取保温措施，管（罐）体外表温度不高于 50℃。

6.3.3　应建立突发事件应急机制，定期组织应急预案演练，并保留实施记录。
6.3.4　宜根据 GB/T 24001 的要求建立环境管理体系，三废处理设施应与餐厨垃圾处理系统同时运行，并保留有效的运行记录。

6.4　劳动卫生

6.4.1　应为员工提供必要的劳动防护用品，培训后上岗。
6.4.2　应定期清洗，保持工作场所卫生清洁。
6.4.3　配置适宜的消杀药水，定期开展灭蝇、灭鼠等措施。

6.5　维护与保养

6.5.1　应实施预防性保养与故障维修相结合的设备管理机制。
6.5.2　应制定设备装置的维护保养计划，并由专业人员实施维护与保养。
6.5.3　应对主要设备建立设备档案，记录设备进厂、保养、维修等一系列信息。

附录 A
（资料性）
餐厨垃圾干热水解处理系统典型处理工艺和布局

A.1　处理工艺

餐厨垃圾干热水解处理系统典型处理工艺如图 A.1 所示。

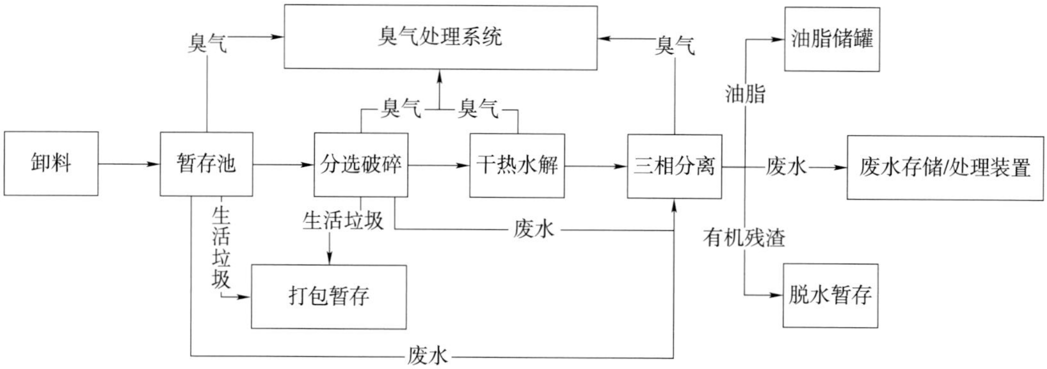

图 A.1　餐厨垃圾干热水解处理工艺流程

A.2　布局示意

餐厨垃圾干热水解处理系统布局示意如图 A.2 所示。

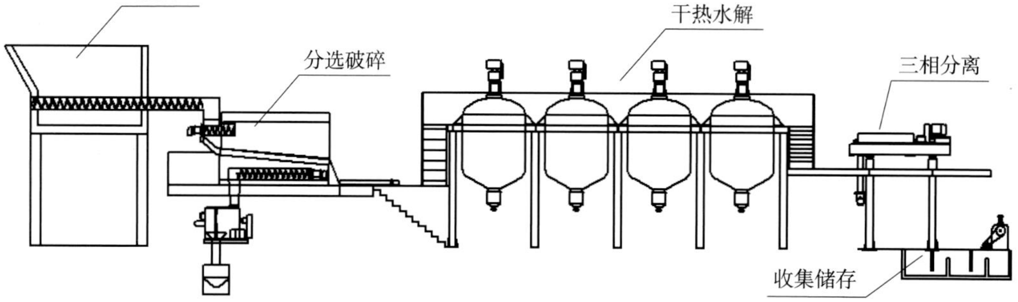

图 A.2　餐厨垃圾干热水解处理系统布局示意图

二、知识产权：国家专利

（1）	专利名称	一种餐厨垃圾处理用油水分离工艺	专利号	ZL201910909993.7
	授权公告日	2021 年 9 月 28 日	发明人	钱耀洲、姚洪根、顾柏明、朱贤晖、钱晓建

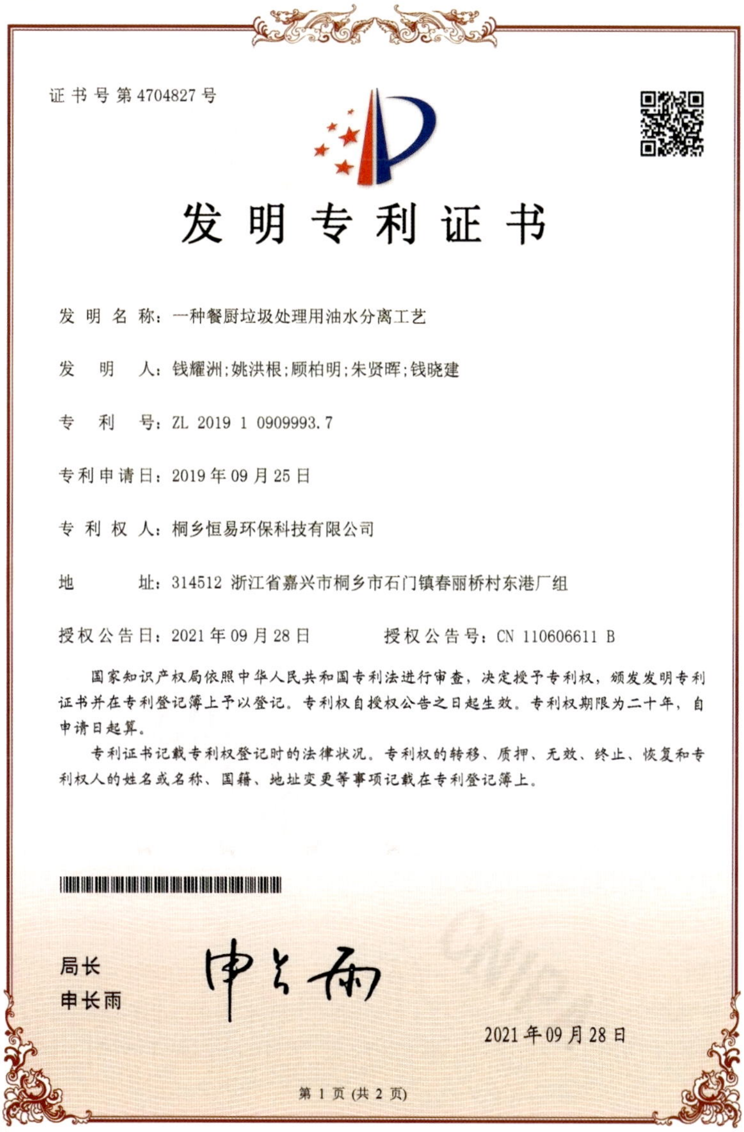

证书号第4704827号

发明专利证书

发 明 名 称：一种餐厨垃圾处理用油水分离工艺

发　　明　　人：钱耀洲;姚洪根;顾柏明;朱贤晖;钱晓建

专　　利　　号：ZL 2019 1 0909993.7

专利申请日：2019 年 09 月 25 日

专 利 权 人：桐乡恒易环保科技有限公司

地　　　　　址：314512 浙江省嘉兴市桐乡市石门镇春丽桥村东港厂组

授权公告日：2021 年 09 月 28 日　　　　授权公告号：CN 110606611 B

国家知识产权局依照中华人民共和国专利法进行审查，决定授予专利权，颁发发明专利证书并在专利登记簿上予以登记。专利权自授权公告之日起生效。专利权期限为二十年，自申请日起算。

专利证书记载专利权登记时的法律状况。专利权的转移、质押、无效、终止、恢复和专利权人的姓名或名称、国籍、地址变更等事项记载在专利登记簿上。

局长
申长雨

2021 年 09 月 28 日

第 1 页 (共 2 页)

其他事项参见续页

（2）	专利名称	一种餐厨有机分离物干化装置	专利号	ZL202211713467.1
	授权公告日	2023 年 09 月 05 日	发明人	钱耀洲、姚洪根、朱贤晖、茅威挺、朱晓琴

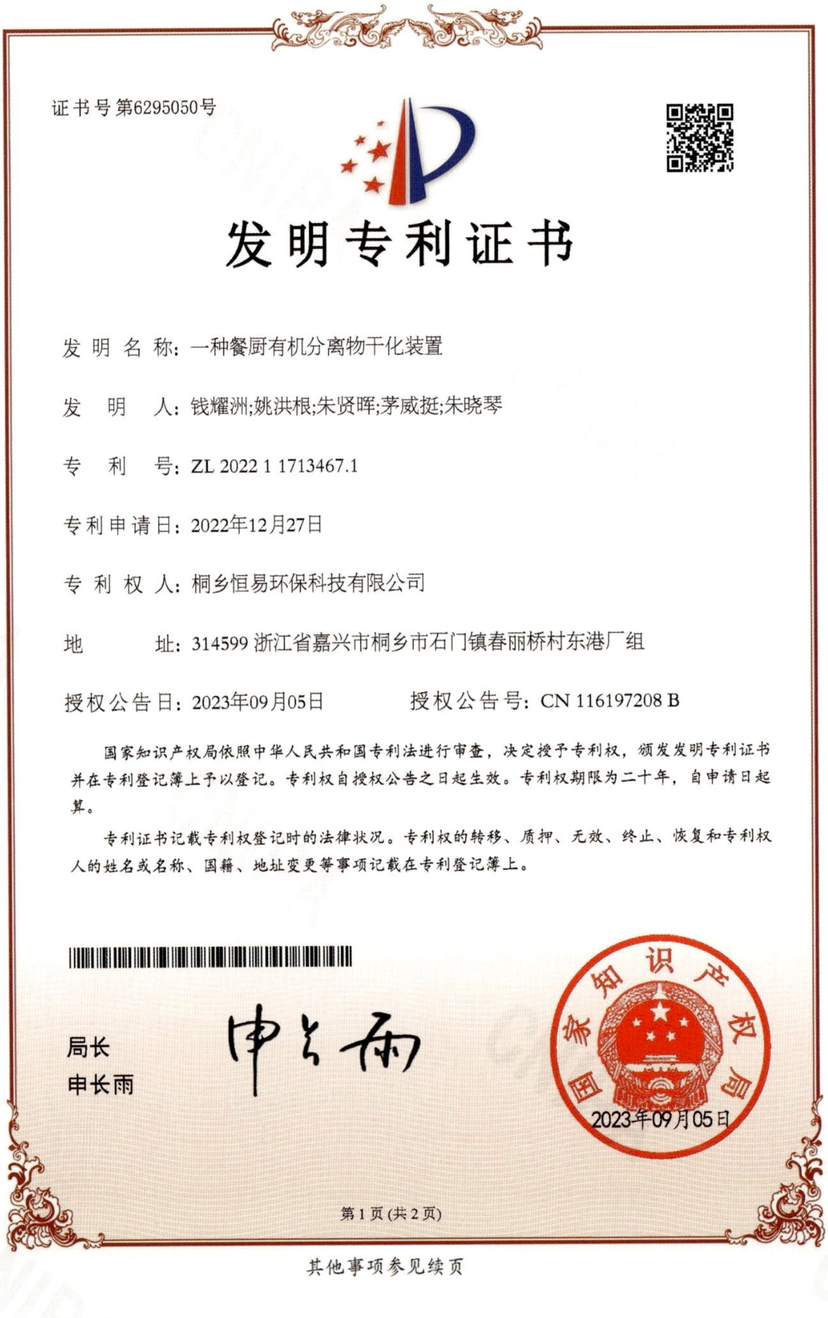
证书号第6295050号

发明专利证书

发 明 名 称：一种餐厨有机分离物干化装置

发 明 人：钱耀洲;姚洪根;朱贤晖;茅威挺;朱晓琴

专 利 号：ZL 2022 1 1713467.1

专利申请日：2022年12月27日

专 利 权 人：桐乡恒易环保科技有限公司

地 址：314599 浙江省嘉兴市桐乡市石门镇春丽桥村东港厂组

授权公告日：2023年09月05日　　授权公告号：CN 116197208 B

国家知识产权局依照中华人民共和国专利法进行审查，决定授予专利权，颁发发明专利证书并在专利登记簿上予以登记。专利权自授权公告之日起生效。专利权期限为二十年，自申请日起算。

专利证书记载专利权登记时的法律状况。专利权的转移、质押、无效、终止、恢复和专利权人的姓名或名称、国籍、地址变更等事项记载在专利登记簿上。

局长
申长雨

国家知识产权局
2023年09月05日

第 1 页 (共 2 页)

其他事项参见续页

（3）	专利名称	一种餐厨垃圾无害化固液分离装置	专利号	ZL202210523697.5
	授权公告日	2023 年 12 月 19 日	发明人	姚洪根、钱耀洲、朱贤晖、俞燕红、茅威挺、朱晓琴

证书号第6569638号

发明专利证书

发 明 名 称：一种餐厨垃圾无害化固液分离装置

发 明 人：姚洪根;钱耀洲;朱贤晖;俞燕红;茅威挺;朱晓琴

专 利 号：ZL 2022 1 0523697.5

专利申请日：2022年05月13日

专 利 权 人：桐乡恒易环保科技有限公司

地 址：314000 浙江省嘉兴市桐乡市石门镇春丽桥村东港厂组

授权公告日：2023年12月19日 授权公告号：CN 114890565 B

国家知识产权局依照中华人民共和国专利法进行审查，决定授予专利权，颁发发明专利证书并在专利登记簿上予以登记。专利权自授权公告之日起生效。专利权期限为二十年，自申请日起算。

专利证书记载专利权登记时的法律状况。专利权的转移、质押、无效、终止、恢复和专利权人的姓名或名称、国籍、地址变更等事项记载在专利登记簿上。

局长
申长雨

国家知识产权局
2023年12月19日

第 1 页（共 2 页）

其他事项参见续页

（4）	专利名称	一种餐厨垃圾无害化预处理装置	专利号	ZL202210524652.X
	授权公告日	2024 年 03 月 22 日	发明人	姚洪根、钱耀洲、朱贤晖、俞燕红、茅威挺、朱晓琴

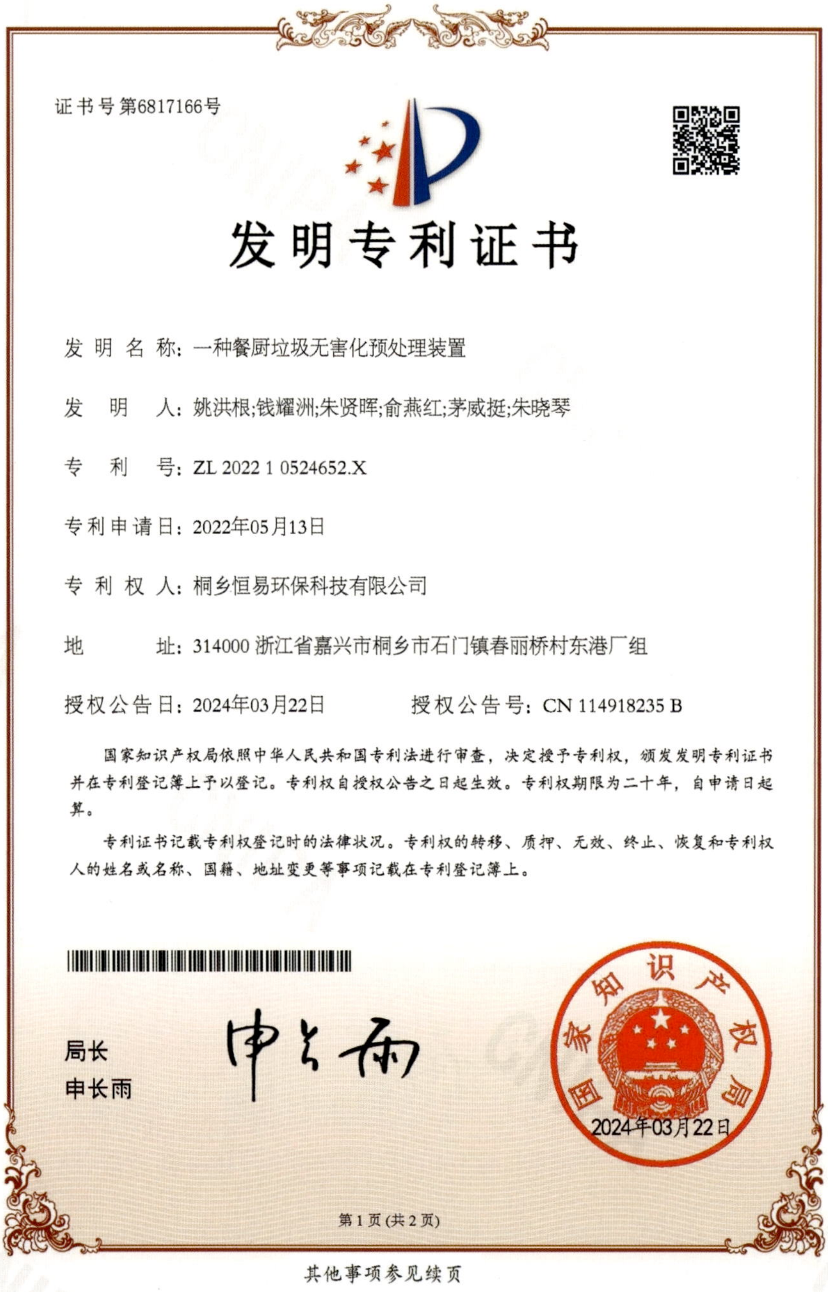

证书号第6817166号

发明专利证书

发 明 名 称：一种餐厨垃圾无害化预处理装置

发 明 人：姚洪根;钱耀洲;朱贤晖;俞燕红;茅威挺;朱晓琴

专 利 号：ZL 2022 1 0524652.X

专利申请日：2022年05月13日

专 利 权 人：桐乡恒易环保科技有限公司

地 址：314000 浙江省嘉兴市桐乡市石门镇春丽桥村东港厂组

授权公告日：2024年03月22日 授权公告号：CN 114918235 B

国家知识产权局依照中华人民共和国专利法进行审查，决定授予专利权，颁发发明专利证书并在专利登记簿上予以登记。专利权自授权公告之日起生效。专利权期限为二十年，自申请日起算。

专利证书记载专利权登记时的法律状况。专利权的转移、质押、无效、终止、恢复和专利权人的姓名或名称、国籍、地址变更等事项记载在专利登记簿上。

局长
申长雨

国家知识产权局
2024年03月22日

第 1 页（共 2 页）

其他事项参见续页

（5）	专利名称	一种餐厨垃圾暂存输送装置	专利号	ZL202021450589.2
	授权公告日	2021 年 04 月 30 日	发明人	钱耀洲、姚洪根、朱贤晖、茅威挺、朱杰、汤家顺

证书号第13066823号

实用新型专利证书

实用新型名称：一种餐厨垃圾暂存输送装置

发　明　人：钱耀洲;姚洪根;朱贤晖;茅威挺;朱杰;汤家顺

专　利　号：ZL 2020 2 1450589.2

专利申请日：2020 年 07 月 21 日

专 利 权 人：桐乡恒易环保科技有限公司

地　　　址：314500 浙江省嘉兴市桐乡市石门镇春丽桥村东港厂组

授权公告日：2021 年 04 月 30 日　　　授权公告号：CN 213084298 U

国家知识产权局依照中华人民共和国专利法经过初步审查，决定授予专利权，颁发实用新型专利证书并在专利登记簿上予以登记。专利权自授权公告之日起生效。专利权期限为十年，自申请日起算。

专利证书记载专利权登记时的法律状况。专利权的转移、质押、无效、终止、恢复和专利权人的姓名或名称、国籍、地址变更等事项记载在专利登记簿上。

局长
申长雨

2021 年 04 月 30 日

第 1 页（共 2 页）

其他事项参见背面

（6）	专利名称	一种餐厨垃圾分拣油脂回收装置	专利号	ZL202021465423.8
	授权公告日	2021 年 06 月 01 日	发明人	钱耀洲、姚洪根、朱贤晖、茅威挺、朱杰、汤家顺

证书号第 13295417 号

实用新型专利证书

实用新型名称：一种餐厨垃圾分拣油脂回收装置

发　明　人：钱耀洲；姚洪根；朱贤晖；茅威挺；朱杰；汤家顺

专　利　号：ZL 2020 2 1465423.8

专利申请日：2020 年 07 月 21 日

专 利 权 人：桐乡恒易环保科技有限公司

地　　　址：314500 浙江省嘉兴市桐乡市石门镇春丽桥村东港厂组

授权公告日：2021 年 06 月 01 日　　　授权公告号：CN 213321867 U

国家知识产权局依照中华人民共和国专利法经过初步审查，决定授予专利权，颁发实用新型专利证书并在专利登记簿上予以登记。专利权自授权公告之日起生效。专利权期限为十年，自申请日起算。

专利证书记载专利权登记时的法律状况。专利权的转移、质押、无效、终止、恢复和专利权人的姓名或名称、国籍、地址变更等事项记载在专利登记簿上。

局长
申长雨

国家知识产权局
2021 年 06 月 01 日

第 1 页（共 2 页）

其他事项参见背面

（7）	专利名称	一种用于溶化固体油脂的加热装置	专利号	ZL202021476142.2
	授权公告日	2021 年 04 月 30 日	发明人	钱耀洲、姚洪根、朱贤晖、茅威挺、朱杰、汤家顺

证书号第13062063号

实用新型专利证书

实用新型名称：一种用于溶化固体油脂的加热装置

发　明　人：钱耀洲;姚洪根;朱贤晖;朱杰;茅威挺;汤家顺

专　利　号：ZL 2020 2 1476142.2

专利申请日：2020 年 07 月 21 日

专 利 权 人：桐乡恒易环保科技有限公司

地　　址：314500 浙江省嘉兴市桐乡市石门镇春丽桥村东港厂组

授权公告日：2021 年 04 月 30 日　　　授权公告号：CN 213085910 U

国家知识产权局依照中华人民共和国专利法经过初步审查，决定授予专利权，颁发实用新型专利证书并在专利登记簿上予以登记。专利权自授权公告之日起生效。专利权期限为十年，自申请日起算。

专利证书记载专利权登记时的法律状况。专利权的转移、质押、无效、终止、恢复和专利权人的姓名或名称、国籍、地址变更等事项记载在专利登记簿上。

局长
申长雨

国家知识产权局
2021 年 04 月 30 日

第 1 页（共 2 页）

其他事项参见背面

（8）	专利名称	一种餐橱垃圾处理用好氧池的推流器	专利号	ZL202021451842.6
	授权公告日	2021 年 04 月 30 日	发明人	钱耀洲、姚洪根、朱贤晖、汤家顺、茅威挺、朱杰

证书号第13068356号

实用新型专利证书

实用新型名称：一种餐橱垃圾处理用好氧池的推流器

发　明　人：钱耀洲；姚洪根；朱贤晖；汤家顺；茅威挺；朱杰

专　利　号：ZL 2020 2 1451842.6

专利申请日：2020年07月21日

专利权人：桐乡恒易环保科技有限公司

地　　址：314500 浙江省嘉兴市桐乡市石门镇春丽桥村东港厂组

授权公告日：2021年04月30日　　授权公告号：CN 213085574 U

国家知识产权局依照中华人民共和国专利法经过初步审查，决定授予专利权，颁发实用新型专利证书并在专利登记簿上予以登记。专利权自授权公告之日起生效。专利权期限为十年，自申请日起算。

专利证书记载专利权登记时的法律状况。专利权的转移、质押、无效、终止、恢复和专利权人的姓名或名称、国籍、地址变更等事项记载在专利登记簿上。

局长
申长雨

国家知识产权局
2021年04月30日

第 1 页（共 2 页）

其他事项参见背面

（9）	专利名称	一种餐厨垃圾分拣装置	专利号	ZL202021465973.X
	授权公告日	2021年04月30日	发明人	钱耀洲、姚洪根、朱贤晖、汤家顺、茅威挺、朱杰

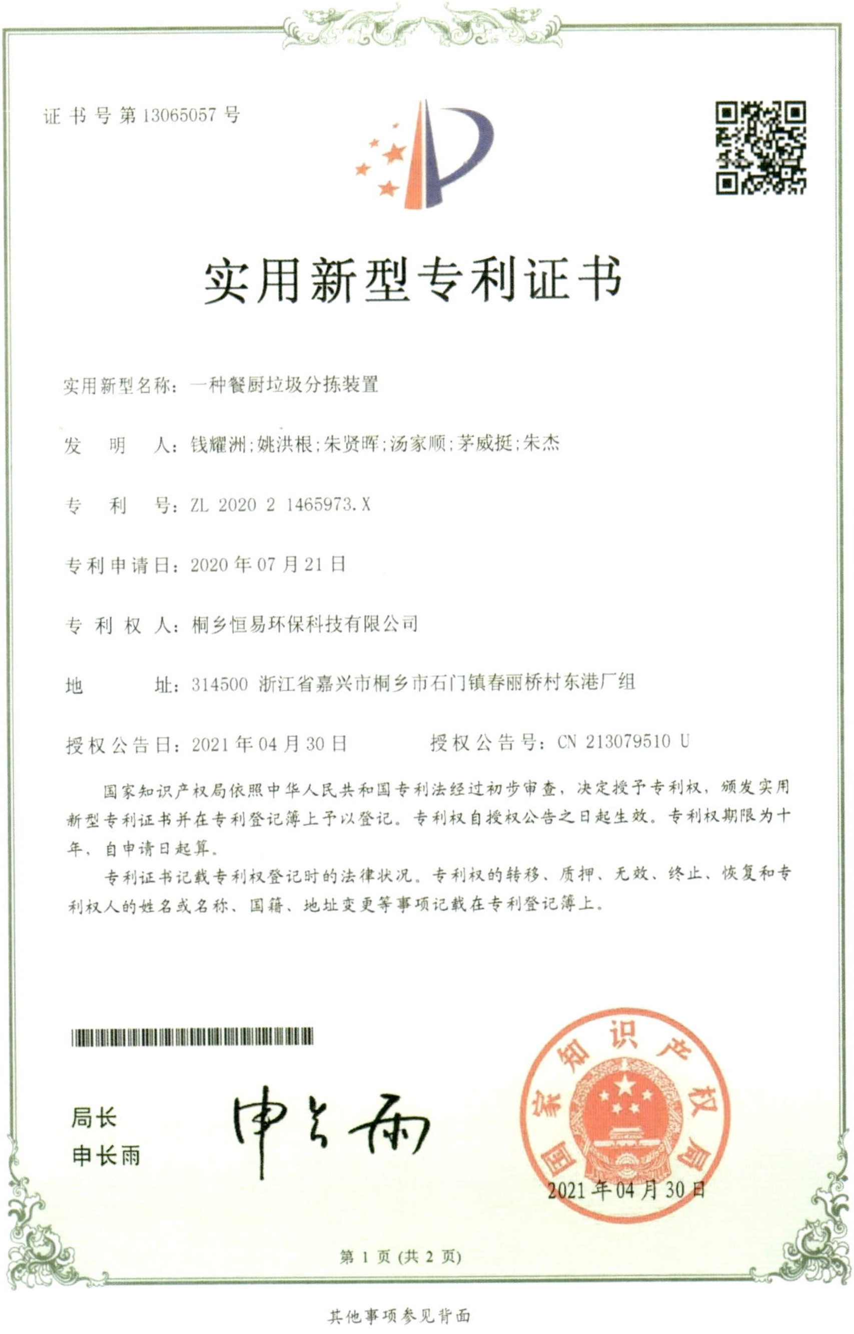

证书号第13065057号

实用新型专利证书

实用新型名称：一种餐厨垃圾分拣装置

发　明　人：钱耀洲；姚洪根；朱贤晖；汤家顺；茅威挺；朱杰

专　利　号：ZL 2020 2 1465973.X

专利申请日：2020年07月21日

专　利　权　人：桐乡恒易环保科技有限公司

地　　　址：314500 浙江省嘉兴市桐乡市石门镇春丽桥村东港厂组

授权公告日：2021年04月30日　　授权公告号：CN 213079510 U

国家知识产权局依照中华人民共和国专利法经过初步审查，决定授予专利权，颁发实用新型专利证书并在专利登记簿上予以登记。专利权自授权公告之日起生效。专利权期限为十年，自申请日起算。

专利证书记载专利权登记时的法律状况。专利权的转移、质押、无效、终止、恢复和专利权人的姓名或名称、国籍、地址变更等事项记载在专利登记簿上。

局长
申长雨

2021年04月30日

第1页（共2页）

其他事项参见背面

（10）	专利名称	一种餐橱垃圾运输车收集车厢	专利号	ZL202021452031.8
	授权公告日	2021年04月30日	发明人	钱耀洲、姚洪根、朱贤晖、朱杰、茅威挺、汤家顺

证书号第13072743号

实用新型专利证书

实用新型名称：一种餐橱垃圾运输车收集车厢

发　明　人：钱耀洲；姚洪根；朱贤晖；朱杰；茅威挺；汤家顺

专　利　号：ZL 2020 2 1452031.8

专利申请日：2020年07月21日

专 利 权 人：桐乡恒易环保科技有限公司

地　　　址：314500 浙江省嘉兴市桐乡市石门镇春丽桥村东港厂组

授权公告日：2021年04月30日　　授权公告号：CN 213084318 U

国家知识产权局依照中华人民共和国专利法经过初步审查，决定授予专利权，颁发实用新型专利证书并在专利登记簿上予以登记。专利权自授权公告之日起生效。专利权期限为十年，自申请日起算。

专利证书记载专利权登记时的法律状况。专利权的转移、质押、无效、终止、恢复和专利权人的姓名或名称、国籍、地址变更等事项记载在专利登记簿上。

局长
申长雨

2021年04月30日

第1页（共2页）

其他事项参见背面

（11）	专利名称	一种固体有机物暂存转运箱	专利号	ZL202021452200.8
	授权公告日	2021 年 04 月 30 日	发明人	钱耀洲、姚洪根、朱贤晖、汤家顺、茅威挺、朱杰

证书号第13068357号

实用新型专利证书

实用新型名称：一种固体有机物暂存转运箱

发　明　人：钱耀洲;姚洪根;朱贤晖;汤家顺;茅威挺;朱杰

专　利　号：ZL 2020 2 1452200.8

专利申请日：2020年07月21日

专 利 权 人：桐乡恒易环保科技有限公司

地　　　址：314500 浙江省嘉兴市桐乡市石门镇春丽桥村东港厂组

授权公告日：2021年04月30日　　　授权公告号：CN 213090268 U

国家知识产权局依照中华人民共和国专利法经过初步审查，决定授予专利权，颁发实用新型专利证书并在专利登记簿上予以登记。专利权自授权公告之日起生效。专利权期限为十年，自申请日起算。

专利证书记载专利权登记时的法律状况。专利权的转移、质押、无效、终止、恢复和专利权人的姓名或名称、国籍、地址变更等事项记载在专利登记簿上。

局长
申长雨

国家知识产权局
2021年04月30日

第 1 页（共 2 页）

其他事项参见背面

（12）	专利名称	一种餐厨垃圾的好氧池	专利号	ZL202021466053.X
	授权公告日	2021 年 04 月 30 日	发明人	钱耀洲、姚洪根、朱贤晖、朱杰、茅威挺、汤家顺

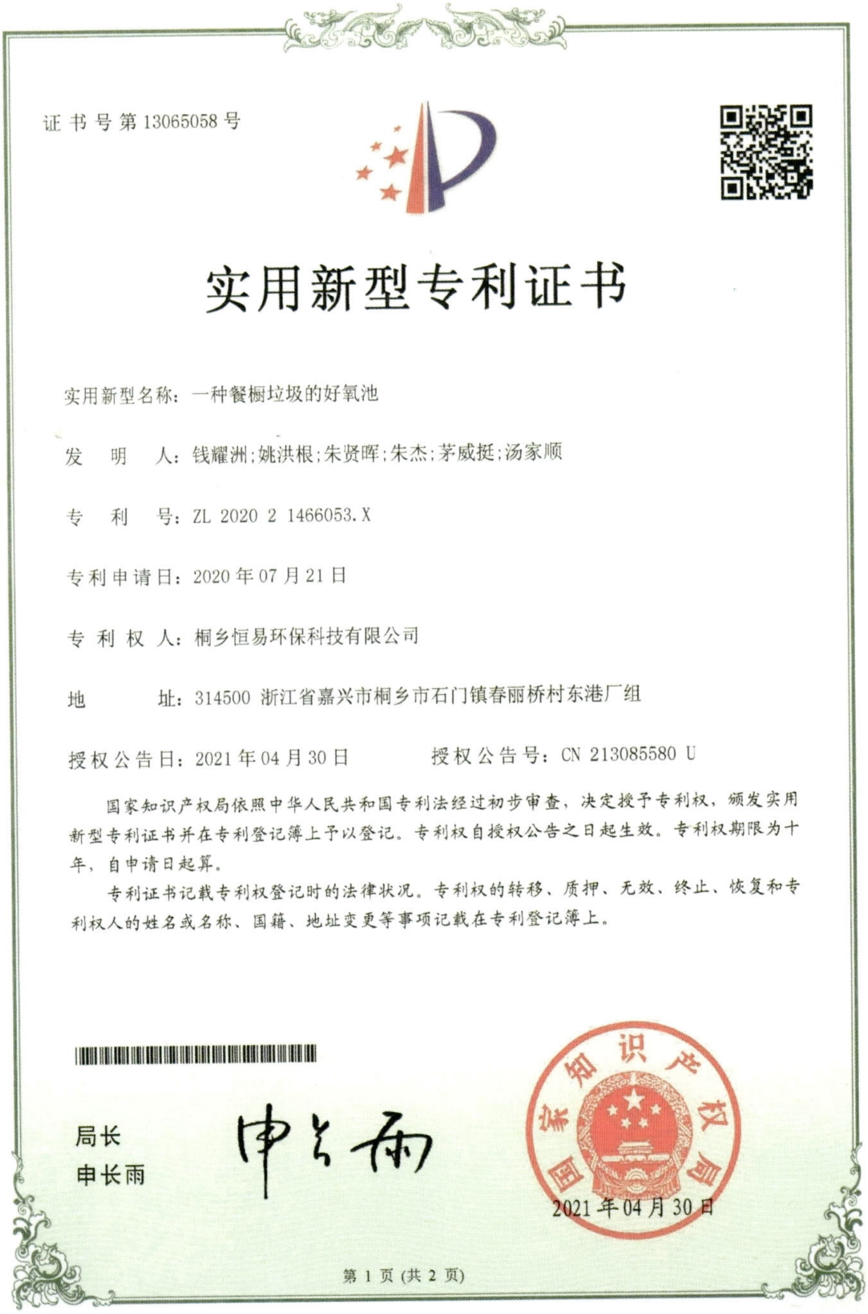

证书号第 13065058 号

实用新型专利证书

实用新型名称：一种餐橱垃圾的好氧池

发　明　人：钱耀洲；姚洪根；朱贤晖；朱杰；茅威挺；汤家顺

专　利　号：ZL 2020 2 1466053.X

专利申请日：2020 年 07 月 21 日

专利权人：桐乡恒易环保科技有限公司

地　　址：314500 浙江省嘉兴市桐乡市石门镇春丽桥村东港厂组

授权公告日：2021 年 04 月 30 日　　授权公告号：CN 213085580 U

国家知识产权局依照中华人民共和国专利法经过初步审查，决定授予专利权，颁发实用新型专利证书并在专利登记簿上予以登记。专利权自授权公告之日起生效。专利权期限为十年，自申请日起算。

专利证书记载专利权登记时的法律状况。专利权的转移、质押、无效、终止、恢复和专利权人的姓名或名称、国籍、地址变更等事项记载在专利登记簿上。

局长
申长雨

国家知识产权局

2021 年 04 月 30 日

第 1 页（共 2 页）

其他事项参见背面

（13）	专利名称	一种方便检修的餐厨垃圾出渣口	专利号	ZL202021452799.5
	授权公告日	2021 年 05 月 28 日	发明人	钱耀洲、姚洪根、朱贤晖、茅威挺、朱杰、汤家顺

证书号第13287521号

实用新型专利证书

实用新型名称：一种方便检修的餐厨垃圾出渣口

发　明　人：钱耀洲;姚洪根;朱贤晖;茅威挺;朱杰;汤家顺

专　利　号：ZL 2020 2 1452799.5

专利申请日：2020 年 07 月 21 日

专 利 权 人：桐乡恒易环保科技有限公司

地　　　址：314500 浙江省嘉兴市桐乡市石门镇春丽桥村东港厂组

授权公告日：2021 年 05 月 28 日　　　授权公告号：CN 213291431 U

国家知识产权局依照中华人民共和国专利法经过初步审查，决定授予专利权，颁发实用新型专利证书并在专利登记簿上予以登记。专利权自授权公告之日起生效。专利权期限为十年，自申请日起算。

专利证书记载专利权登记时的法律状况。专利权的转移、质押、无效、终止、恢复和专利权人的姓名或名称、国籍、地址变更等事项记载在专利登记簿上。

局长
申长雨

国家知识产权局
2021 年 05 月 28 日

第 1 页 (共 2 页)

其他事项参见背面

（14）	专利名称	一种餐厨垃圾固液分离装置	专利号	ZL202021452246.X
	授权公告日	2021 年 06 月 01 日	发明人	钱耀洲、姚洪根、朱贤晖、汤家顺、茅威挺、朱杰

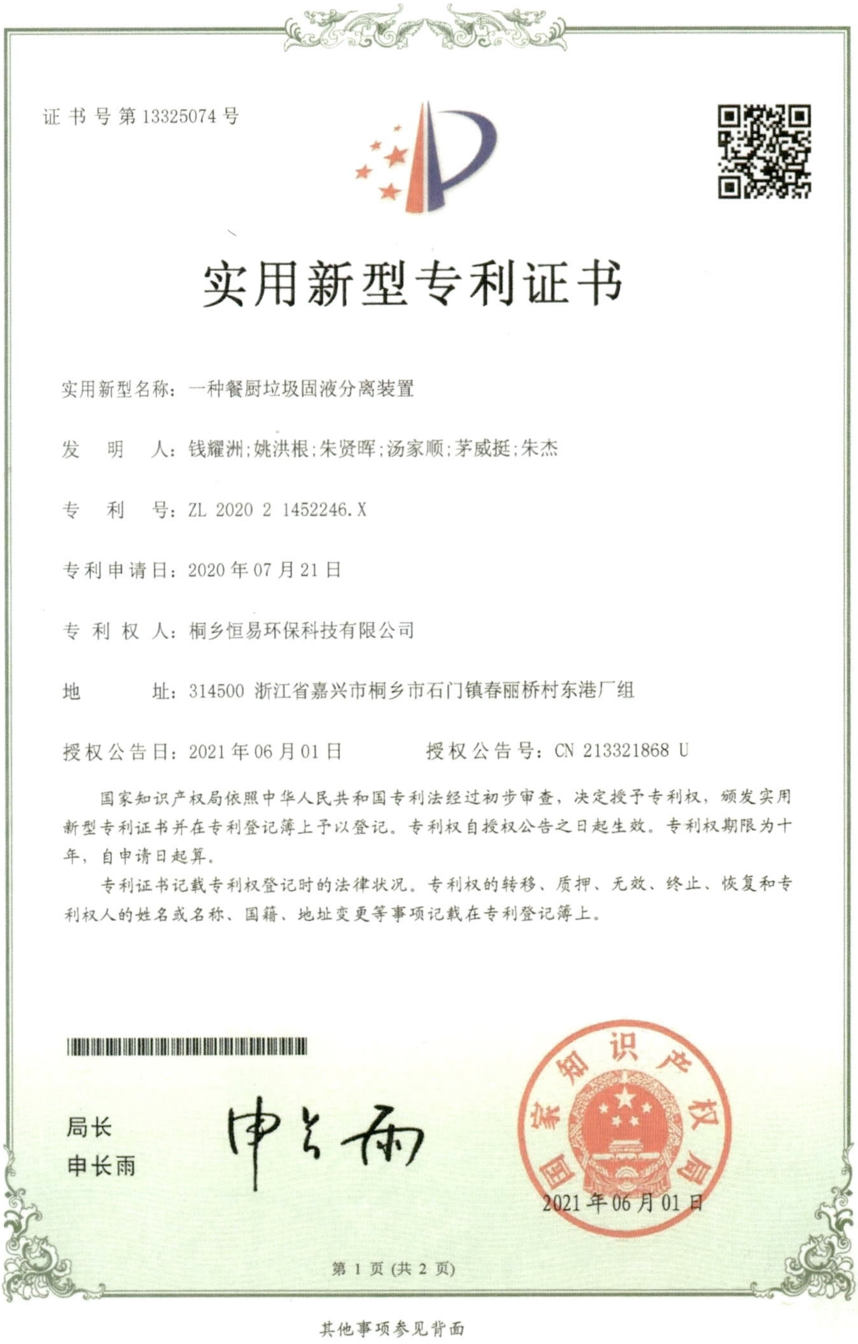

证书号第13325074号

实用新型专利证书

实用新型名称：一种餐厨垃圾固液分离装置

发　明　人：钱耀洲；姚洪根；朱贤晖；汤家顺；茅威挺；朱杰

专　利　号：ZL 2020 2 1452246.X

专利申请日：2020年07月21日

专 利 权 人：桐乡恒易环保科技有限公司

地　　址：314500 浙江省嘉兴市桐乡市石门镇春丽桥村东港厂组

授权公告日：2021年06月01日　　　授权公告号：CN 213321868 U

国家知识产权局依照中华人民共和国专利法经过初步审查，决定授予专利权，颁发实用新型专利证书并在专利登记簿上予以登记。专利权自授权公告之日起生效。专利权期限为十年，自申请日起算。

专利证书记载专利权登记时的法律状况。专利权的转移、质押、无效、终止、恢复和专利权人的姓名或名称、国籍、地址变更等事项记载在专利登记簿上。

局长
申长雨

国家知识产权局

2021年06月01日

第 1 页（共 2 页）

其他事项参见背面

（15）	专利名称	一种餐厨垃圾筛分装置	专利号	ZL202021450662.6
	授权公告日	2021 年 05 月 28 日	发明人	钱耀洲、姚洪根、朱贤晖、茅威挺、朱杰、汤家顺

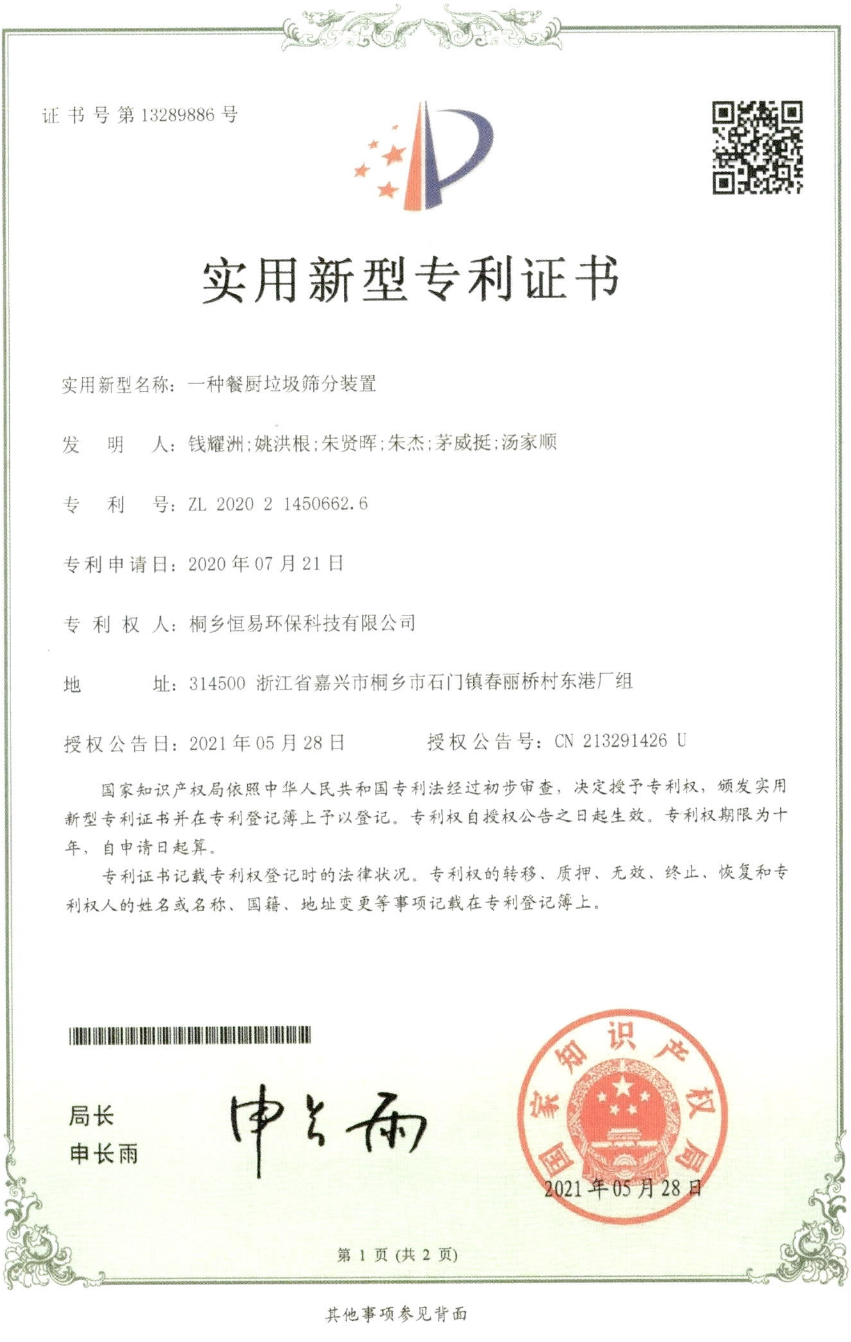

证书号第13289886号

实用新型专利证书

实用新型名称：一种餐厨垃圾筛分装置

发　明　人：钱耀洲；姚洪根；朱贤晖；朱杰；茅威挺；汤家顺

专　利　号：ZL 2020 2 1450662.6

专利申请日：2020 年 07 月 21 日

专 利 权 人：桐乡恒易环保科技有限公司

地　　　址：314500 浙江省嘉兴市桐乡市石门镇春丽桥村东港厂组

授权公告日：2021 年 05 月 28 日　　　授权公告号：CN 213291426 U

国家知识产权局依照中华人民共和国专利法经过初步审查，决定授予专利权，颁发实用新型专利证书并在专利登记簿上予以登记。专利权自授权公告之日起生效。专利权期限为十年，自申请日起算。

专利证书记载专利权登记时的法律状况。专利权的转移、质押、无效、终止、恢复和专利权人的姓名或名称、国籍、地址变更等事项记载在专利登记簿上。

局长
申长雨

国家知识产权局
2021 年 05 月 28 日

第 1 页（共 2 页）

其他事项参见背面

（16）	专利名称	一种餐厨垃圾回收初步处理装置	专利号	ZL202021468793.7
	授权公告日	2021 年 04 月 30 日	发明人	钱耀洲、姚洪根、朱贤晖、茅威挺、朱杰、汤家顺

证书号第13072751号

实用新型专利证书

实用新型名称：一种餐厨垃圾回收初步处理装置

发　明　人：钱耀洲；姚洪根；朱贤晖；茅威挺；朱杰；汤家顺

专　利　号：ZL 2020 2 1468793.7

专利申请日：2020 年 07 月 21 日

专 利 权 人：桐乡恒易环保科技有限公司

地　　　址：314500 浙江省嘉兴市桐乡市石门镇春丽桥村东港厂组

授权公告日：2021 年 04 月 30 日　　　授权公告号：CN 213079511 U

国家知识产权局依照中华人民共和国专利法经过初步审查，决定授予专利权，颁发实用新型专利证书并在专利登记簿上予以登记。专利权自授权公告之日起生效。专利权期限为十年，自申请日起算。

专利证书记载专利权登记时的法律状况。专利权的转移、质押、无效、终止、恢复和专利权人的姓名或名称、国籍、地址变更等事项记载在专利登记簿上。

局长
申长雨

国家知识产权局

2021 年 04 月 30 日

第 1 页（共 2 页）

其他事项参见背面

（17）	专利名称	一种死亡动物化制废气除臭系统	专利号	ZL201921861346.5
	授权公告日	2020 年 11 月 10 日	发明人	钱耀洲、姚洪根、顾柏明、朱贤晖、钱晓建

证书号第11871582号

实用新型专利证书

实用新型名称：一种死亡动物化制废气除臭系统

发　明　人：钱耀洲；姚洪根；顾柏明；朱贤晖；钱晓建

专　利　号：ZL 2019 2 1861346.5

专利申请日：2019 年 10 月 31 日

专 利 权 人：桐乡恒易环保科技有限公司

地　　　址：314500 浙江省嘉兴市桐乡市石门镇春丽桥村东港厂组

授权公告日：2020 年 11 月 10 日　　　授权公告号：CN 211886188 U

国家知识产权局依照中华人民共和国专利法经过初步审查，决定授予专利权，颁发实用新型专利证书并在专利登记簿上予以登记。专利权自授权公告之日起生效。专利权期限为十年，自申请日起算。

专利证书记载专利权登记时的法律状况。专利权的转移、质押、无效、终止、恢复和专利权人的姓名或名称、国籍、地址变更等事项记载在专利登记簿上。

局长
申长雨

国家知识产权局

2020年11月10日

第 1 页（共 2 页）

其他事项参见背面

（18）	专利名称	一种餐厨垃圾处理用多功能物料暂存池	专利号	ZL201921603139.X
	授权公告日	2020 年 05 月 22 日	发明人	钱耀洲、姚洪根、顾柏明、朱贤晖、钱晓建

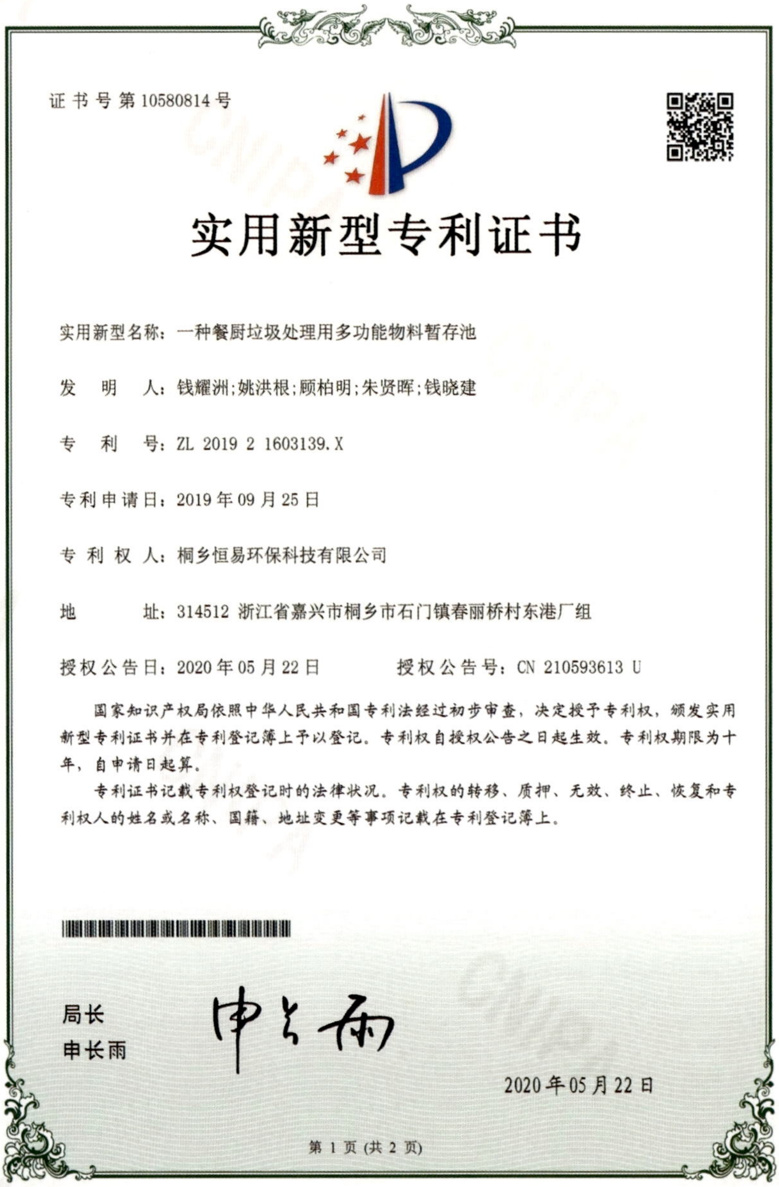
证书号第10580814号

实用新型专利证书

实用新型名称：一种餐厨垃圾处理用多功能物料暂存池

发　明　人：钱耀洲;姚洪根;顾柏明;朱贤晖;钱晓建

专　利　号：ZL 2019 2 1603139.X

专利申请日：2019 年 09 月 25 日

专 利 权 人：桐乡恒易环保科技有限公司

地　　　址：314512 浙江省嘉兴市桐乡市石门镇春丽桥村东港厂组

授权公告日：2020 年 05 月 22 日　　　　授权公告号：CN 210593613 U

国家知识产权局依照中华人民共和国专利法经过初步审查，决定授予专利权，颁发实用新型专利证书并在专利登记簿上予以登记。专利权自授权公告之日起生效。专利权期限为十年，自申请日起算。

专利证书记载专利权登记时的法律状况。专利权的转移、质押、无效、终止、恢复和专利权人的姓名或名称、国籍、地址变更等事项记载在专利登记簿上。

局长
申长雨

2020 年 05 月 22 日

第 1 页（共 2 页）

其他事项参见续页

（19）	专利名称	一种餐厨垃圾处理用油脂快速加热装置	专利号	ZL201921603108.4
	授权公告日	2020 年 06 月 02 日	发明人	钱耀洲、姚洪根、顾柏明、朱贤晖、钱晓建

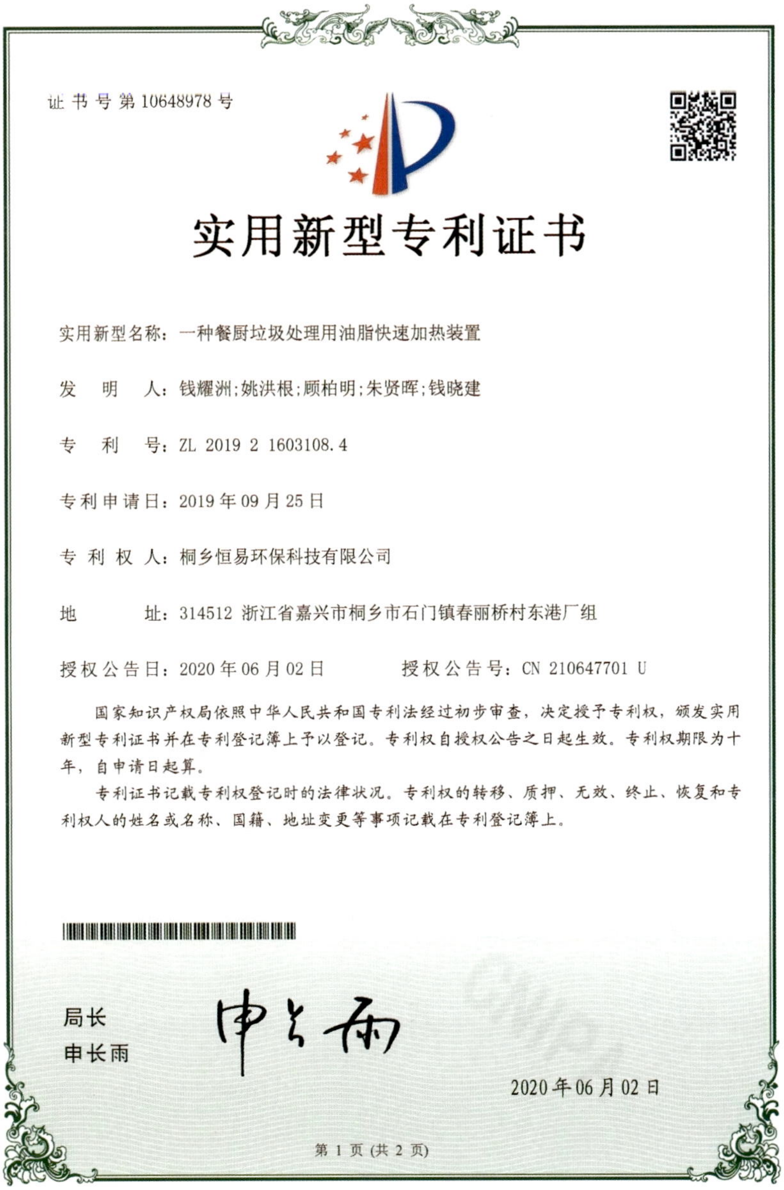

证书号第 10648978 号

实用新型专利证书

实用新型名称：一种餐厨垃圾处理用油脂快速加热装置

发　明　人：钱耀洲;姚洪根;顾柏明;朱贤晖;钱晓建

专　利　号：ZL 2019 2 1603108.4

专利申请日：2019 年 09 月 25 日

专 利 权 人：桐乡恒易环保科技有限公司

地　　址：314512 浙江省嘉兴市桐乡市石门镇春丽桥村东港厂组

授权公告日：2020 年 06 月 02 日　　　授权公告号：CN 210647701 U

国家知识产权局依照中华人民共和国专利法经过初步审查，决定授予专利权，颁发实用新型专利证书并在专利登记簿上予以登记。专利权自授权公告之日起生效。专利权期限为十年，自申请日起算。

专利证书记载专利权登记时的法律状况。专利权的转移、质押、无效、终止、恢复和专利权人的姓名或名称、国籍、地址变更等事项记载在专利登记簿上。

局长
申长雨

2020 年 06 月 02 日

第 1 页 (共 2 页)

其他事项参见续页

（20）	专利名称	一种餐厨垃圾用具有循环结构的污水恒温装置	专利号	ZL201921603107.X
	授权公告日	2020 年 07 月 03 日	发明人	钱耀洲、姚洪根、顾柏明、朱贤晖、钱晓建

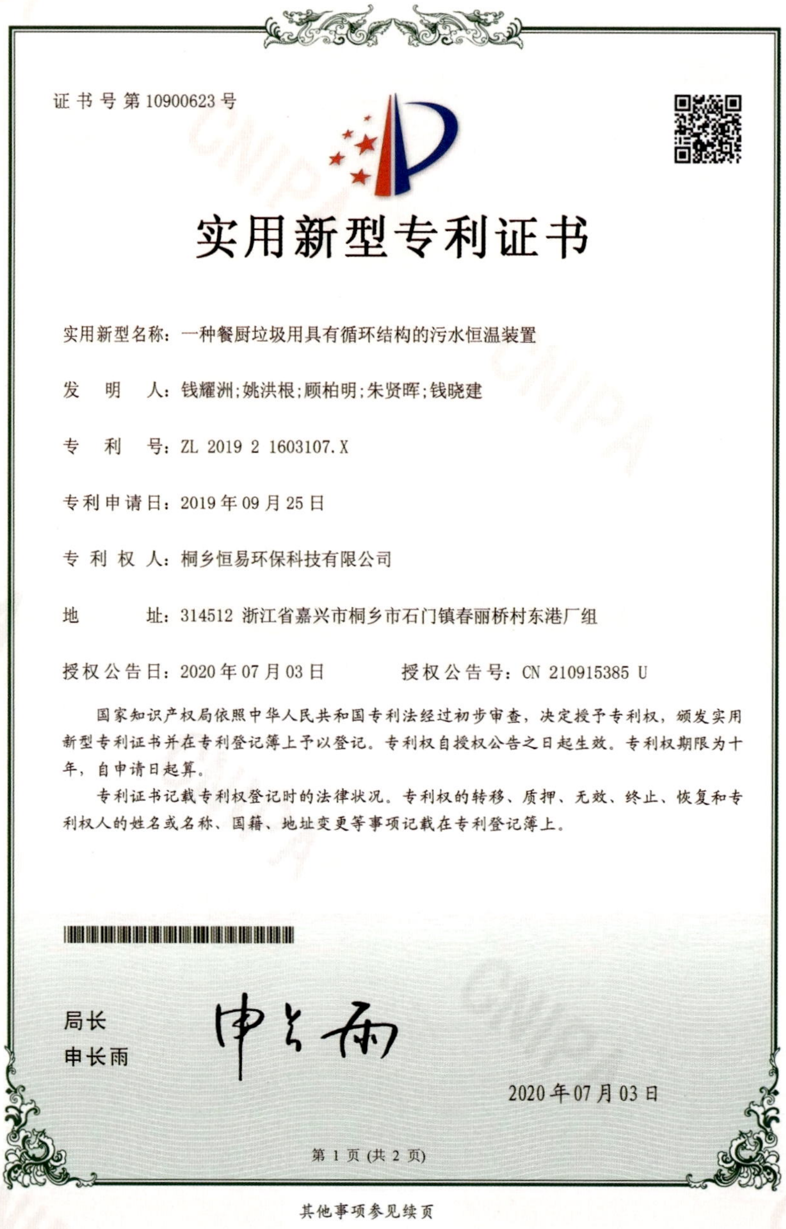

证书号第 10900623 号

实用新型专利证书

实用新型名称：一种餐厨垃圾用具有循环结构的污水恒温装置

发　明　人：钱耀洲;姚洪根;顾柏明;朱贤晖;钱晓建

专　利　号：ZL 2019 2 1603107.X

专利申请日：2019 年 09 月 25 日

专 利 权 人：桐乡恒易环保科技有限公司

地　　　址：314512 浙江省嘉兴市桐乡市石门镇春丽桥村东港厂组

授权公告日：2020 年 07 月 03 日　　　授权公告号：CN 210915385 U

国家知识产权局依照中华人民共和国专利法经过初步审查，决定授予专利权，颁发实用新型专利证书并在专利登记簿上予以登记。专利权自授权公告之日起生效。专利权期限为十年，自申请日起算。

专利证书记载专利权登记时的法律状况。专利权的转移、质押、无效、终止、恢复和专利权人的姓名或名称、国籍、地址变更等事项记载在专利登记簿上。

局长
申长雨

2020 年 07 月 03 日

第 1 页 (共 2 页)

其他事项参见续页

（21）	专利名称	一种餐厨垃圾处理用便于使用防阻塞的气缸驱动装置	专利号	ZL201921602677.7
	授权公告日	2020 年 05 月 08 日	发明人	钱耀洲、姚洪根、顾柏明、朱贤晖、钱晓建

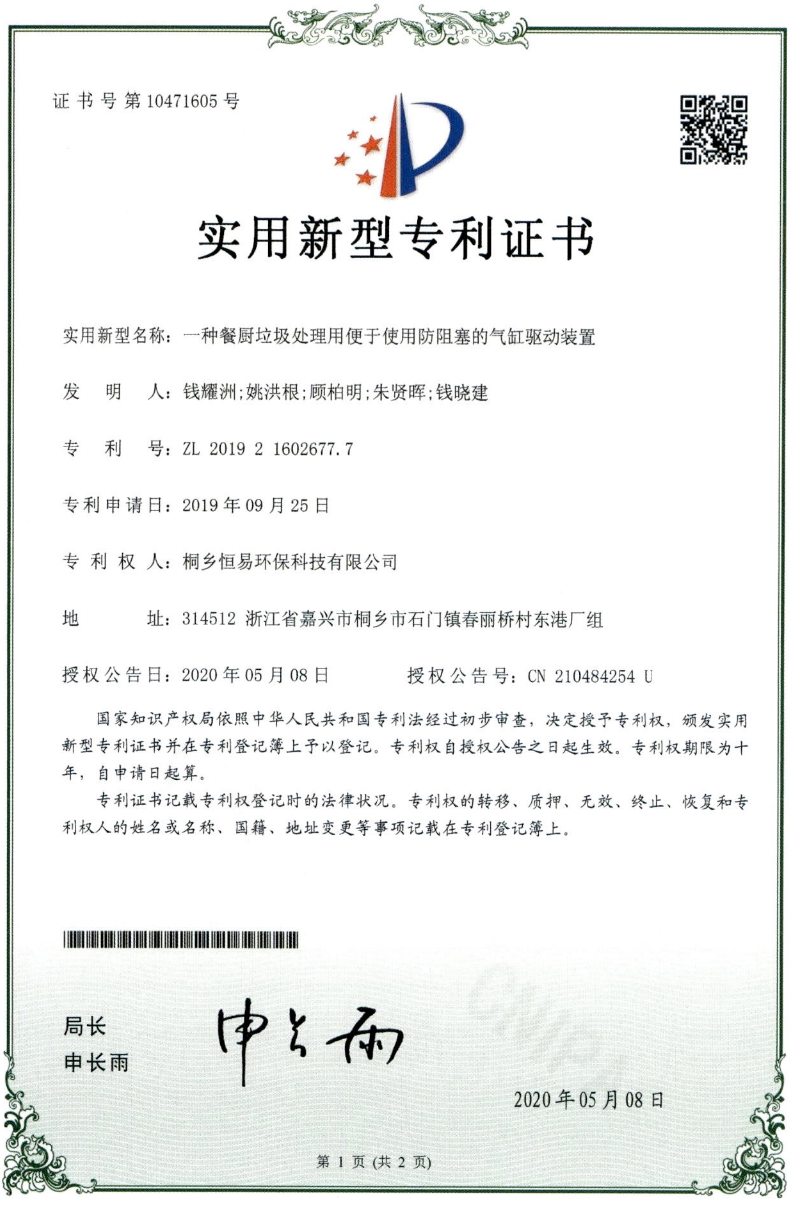
证书号第 10471605 号

实用新型专利证书

实用新型名称：一种餐厨垃圾处理用便于使用防阻塞的气缸驱动装置

发　明　人：钱耀洲；姚洪根；顾柏明；朱贤晖；钱晓建

专　利　号：ZL 2019 2 1602677.7

专利申请日：2019 年 09 月 25 日

专利权人：桐乡恒易环保科技有限公司

地　　址：314512 浙江省嘉兴市桐乡市石门镇春丽桥村东港厂组

授权公告日：2020 年 05 月 08 日　　授权公告号：CN 210484254 U

国家知识产权局依照中华人民共和国专利法经过初步审查，决定授予专利权，颁发实用新型专利证书并在专利登记簿上予以登记。专利权自授权公告之日起生效。专利权期限为十年，自申请日起算。

专利证书记载专利权登记时的法律状况。专利权的转移、质押、无效、终止、恢复和专利权人的姓名或名称、国籍、地址变更等事项记载在专利登记簿上。

局长
申长雨

2020 年 05 月 08 日

第 1 页（共 2 页）

其他事项参见续页

（22）	专利名称	一种餐厨垃圾处理用污水恒温排放装置	专利号	ZL201921602676.2
	授权公告日	2020 年 06 月 16 日	发明人	钱耀洲、姚洪根、顾柏明、朱贤晖、钱晓建

证书号第 10759197 号

实用新型专利证书

实用新型名称：一种餐厨垃圾处理用污水恒温排放装置

发　明　人：钱耀洲;姚洪根;顾柏明;朱贤晖;钱晓建

专　利　号：ZL 2019 2 1602676.2

专利申请日：2019 年 09 月 25 日

专 利 权 人：桐乡恒易环保科技有限公司

地　　　址：314512 浙江省嘉兴市桐乡市石门镇春丽桥村东港厂组

授权公告日：2020 年 06 月 16 日　　　授权公告号：CN 210762732 U

国家知识产权局依照中华人民共和国专利法经过初步审查，决定授予专利权，颁发实用新型专利证书并在专利登记簿上予以登记。专利权自授权公告之日起生效。专利权期限为十年，自申请日起算。

专利证书记载专利权登记时的法律状况。专利权的转移、质押、无效、终止、恢复和专利权人的姓名或名称、国籍、地址变更等事项记载在专利登记簿上。

局长
申长雨

2020 年 06 月 16 日

第 1 页 (共 2 页)

其他事项参见续页

（23）	专利名称	餐厨垃圾无害化处理控制软件 V1.0	证书号	软著登字第 4204670 号
	授权公告日	2019 年 07 月 29 日	著作权人	浙江恒易环保科技股份有限公司

中华人民共和国国家版权局

计算机软件著作权登记证书

证书号：软著登字第4204670号

软 件 名 称：餐厨垃圾无害化处理控制软件
V1.0

著 作 权 人：浙江恒易环保科技股份有限公司

开发完成日期：2017年12月08日

首次发表日期：2018年01月18日

权利取得方式：原始取得

权 利 范 围：全部权利

登 记 号：2019SR0783913

根据《计算机软件保护条例》和《计算机软件著作权登记办法》的规定，经中国版权保护中心审核，对以上事项予以登记。

中华人民共和国国家版权局 计算机软件著作权登记专用章

No. 04318664

2019年07月29日

（24）	专利名称	厨余垃圾处理设备控制软件 V1.0	证书号	软著登字第 4550294 号
	授权公告日	2019 年 11 月 08 日	著作权人	浙江恒易环保科技股份有限公司

中华人民共和国国家版权局

计算机软件著作权登记证书

证书号：软著登字第4550294号

软 件 名 称：厨余垃圾处理设备控制软件
V1.0

著 作 权 人：浙江恒易环保科技股份有限公司

开发完成日期：2018年10月20日

首次发表日期：2018年12月03日

权利取得方式：原始取得

权 利 范 围：全部权利

登 记 号：2019SR1129537

根据《计算机软件保护条例》和《计算机软件著作权登记办法》的规定，经中国版权保护中心审核，对以上事项予以登记。

中华人民共和国国家版权局
计算机软件著作权
登记专用章

No. 04717998

2019年11月08日

第十四章　恒易环保企业介绍

一、企业成长历程

（一）企业简介

桐乡恒易环保科技有限公司（以下简称“桐乡恒易环保”）成立于2017年7月，注册资本1 000万元，是上市公司（新澳集团）控股企业浙江恒易环保科技股份有限公司全资子公司，专业从事餐厨废弃物无害化处理、环保技术的开发与推广。公司地处桐乡市石门镇，位于浙江北部杭嘉湖平原，距世界互联网大会永久举办地乌镇10公里，素有“鱼米之乡、丝绸之府、百花地面、文化之邦”之美誉。

公司于2015年开始致力于餐厨垃圾无害化处理与资源化利用的研发，以浙江省农业科学院等科研院所和高等学校为技术依托，成功研发干热水解生物转化法。公司拥有先进的处理设备和技术团队，经多年努力，成功将餐厨废弃物通过工业化、标准化生产，有机固化物导入蝇蛆工程技术，经分解、消纳、转化，收获蝇蛆蛋白原料和优质有机质原料。目前，桐乡恒易环保已成功建立首个成果应用基地，未来将向全国进行产业化辐射。

（二）发展历程

固体废弃物无害化处理一直以来是社会关注的焦点和难题。自2007年起，公司负责人开始涉足养殖行业，创建成立桐乡市昱润畜牧生态养殖专业合作社，位于桐乡市石门镇桂花村，注册资金366万元，占地面积180亩，目前已投资1 200万元，建成了国内较先进的母猪分娩室、标准化的养殖棚舍及管理用房12 000 m^2，沼气池800 m^3，具有年出栏外三元商品猪8 000头、虫子鸡（鸭）30 000羽、虫子蛋160万枚生产能力。按照生态化、规模化养殖的要求，以生态、环保、高效、循环作为发展方向，采用雨污分离、干湿分离，生猪尿液、污水进沼气池无害化处理，沼液泵入节水灌溉系统进行农田肥水合灌及排入污水管网系统。养殖场内分办公区、生产区、病畜隔离区、休闲区、绿化带及道路，生产区按繁殖区、培育区、育肥区顺序排列，各功能区分区明确，布置合理，基础设施齐全，生态环境良好。

尽管养殖基地的污染物排放全部按照生态化、规范化养殖要求，但每天排出猪粪仍无法达到科学合理的消化，给生态环境带来较大影响。为进一步改善生态养殖环境，2008 年初开始，公司技术团队致力于研究和探索猪粪处理工艺，试点利用生物对猪粪的能量、物质进行消化吸收，在集约化生产条件下获得生物肥及昆虫蛋白两个产品，并进行了相关课题的研究。2008 年秋投资 260 万元建造种蝇房 120 m^2，育虫车间 1 100 m^2，鸡舍 900 m^2，生产用房 600 m^2，水产养殖实验池 4 000 m^2 等。经过一年多生产运行，以工程蝇育虫——猪粪养蛆——活性蝇蛆综合利用——有机肥还田的生态循环养殖链的各项技术日趋成熟。每天排出的 3 t 多猪粪可生产蝇蛆 300 多 kg，作为鸡、鸭、黄鳝的饲料，每天可生产有机肥 1.8 t，养殖达到零排放，真正实现了变废为宝，循环养殖，美化环境，增效增收。为加大技术推广，编制了《畜禽粪便培育蝇蛆标准化技术规程》农业地方标准，开展技术培训，以达到推广畜禽粪便综合处理新技术的目的，为养殖业转型升级起到示范带头作用。

借鉴桐乡市昱润畜牧生态养殖专业合作社小规模治污种养循环模式的前期经验，2011 年 1 月成立桐乡市同润现代农业科技专业合作社，注册资金 656 万元，占地 220 亩，新建种蝇车间 500 m^2，猪粪生物处理车间 2 400 m^2，有机肥生产车间 1 000 m^2，甲鱼保育室 5 500 m^2，生产管理、生活、仓库用房 1 000 m^2，标准化鱼塘 150 亩，目前已投资 1 500 多万元，是一家专门从事养殖固废收集与处理、有机肥生产和水产养殖于一体的农业科技合作社。以统一收集桐乡市石门镇、凤鸣街道及河山镇等地规模化生猪养殖场新鲜干粪、桐乡餐厨垃圾无害化处理公司有机质料、桐乡市病死畜禽无害化处理厂有机质料为主，通过对其集约化、工厂化、机械化处理，切实防止了处理过程中再次污染的弊端，降低了养猪污染的综合治理成本。从收集运输、铺粪、翻拌，到有机肥生产，全程实现机械化，并获得了多项国家专利。

随着畜牧业快速发展，动物卫生安全问题也日渐突出，特别是本市畜禽饲养量大、周边动物疫情形势复杂以及极端气候等因素的存在，畜禽病死情况客观存在，且总量较大，为病死畜禽能得到合理处置，有效防范病死畜禽及其产品流入市场，切实维护了公共卫生安全，2012 年 9 月技术团队从事利用蝇蛆来无害化处理病死畜禽，实现无害化处理和资源化利用课题的研究，在上级领导专家关心和指导下，经过了半年多反复试验和认证，终于成功破解了蝇蛆无害化处理病死畜禽的课题。

2013 年 3 月开始组建项目组，2013 年 6 月成立了桐乡市恒生动物生物处理厂，投资 1 000 多万元，总占地面积 10 亩，是一家专门从事病死动物收集与无害化生物处理、活性蝇蛆和有机肥生产及现代农业产业链延伸研究开发于一体的农业科技企业，是桐乡市唯一的动物无害化处理中心。具有年处理病死畜禽 7 300 t，年产鲜蛆 1 800 t、年生产有机肥 6 000 t 的生产规模。利用蝇蛆无害化处理病死畜禽，开创了病死畜禽生态化处理的新理念和公益性工程一次性投入、长期受益的长效机制，实现了病死畜禽无害化处理和资源化利用，促进了畜禽养殖与自然环境的和谐相处，走出了一条可持续发展生态之路。

长期以来，公司坚持科技创新，始终致力于探索研发事关动物疫病防控和生态环境安全等有机废弃物无害化及资源化处理模式，并与高校和科研单位保持长期紧密合作。经过多年的试验研究和探索，自主创新将蝇蛆工程引入死亡动物无害化处理，实现了湿法化制与生物消纳的完美结合，使资源物料得到循环再利用，最终形成了死亡动物湿法化制生物转化处理技术，该技术成为了现代循环生态农业的新样本，为浙江省乃至全国死亡动物无害化处理开辟了新途径。

2015 年 7 月浙江新澳实业有限公司参与增资，成立浙江恒易生物科技有限公司，注册资本为 2 000 万元，这是一家专业从事死亡动物无害化处理和资源化循环利用及其处理设备研发、工程设计、应用及推广、生物技术咨询为一体的现代科技企业。因死亡动物无害化处理属于新兴行业，国家相关政策相继出台，国内也存在多种处理模式，竞争激烈，公司无害化处理技术已经成熟，自 2015 年开始在集团公司的领导和大力支持下，此项处理技术在全国重点推广。

近年，在为适应新时代的发展趋势和应对新形势下的技术规范，畜禽无害化处理通过优化工艺、设备，升级改造为更科学的干化处理模式。公司先后成功承建台州市椒江区死亡动物无害化处理中心、湖南桂阳动物无害化处理中心、海南海口动物无害化处理中心、江西进贤动物无害化处理中心、江西新建动物无害化处理中心、云南富源动物无害化处理中心、广西港北区动物无害化处中心。

2017 年，为适应国家发展的新形势，拓宽公司投资领域，借鉴死亡动物无害化处理成功经验而自主创新研发出餐厨垃圾无害化处理和资源化利用的新技术，注册成立浙江恒易环保科技股份有限公司，并在桐乡市建立首个成果运用基地——桐乡恒易环保科技有限公司。该项目是桐乡市的重大民生工程。餐厨垃圾有效处置，关系到环境污染的防治、公共卫生安全、食品安全等方面。为保护生态环境，保障城乡居民食品安全和公共卫生安全，桐乡市人民政府特出台《关于餐厨垃圾处理项目相关事宜的会议纪要》(〔2017〕30 号）等文件，明确桐乡恒易环保科技有限公司专门负责桐乡市餐厨垃圾无害化处理和资源化利用项目的筹建和运营管理。

公司采用自主研发餐厨垃圾无害化生物处理新模式——“干热水解生物转化法”，实现处理彻底化、资源化全利用等特点，符合当前国家对餐厨垃圾处理的政策要求，开创了餐厨垃圾处置的新理念和一种稳定的餐厨垃圾无害化处理和资源化利用新方法。该项目于 2017 年 5 月 23 日动工建设，2017 年 12 月 10 日试运行，2018 年 7 月 1 日正式运行。设计处理能力 150 t/d。用地面积 20 亩，建设内容包括餐厨垃圾处理车间、供汽房以及配套公用设施工程。

目前，公司技术团队已设计研发关于死亡动物、餐厨垃圾、畜禽粪便无害化处理、废水、废气处理等 5 大种类重大机电设备产品，且该产品与技术已获得 7 件发明专利和 30 余件实用新型专利。

（三）市场竞争

“十三五”期间，垃圾分类工作初见成效。全国生活垃圾分类收运能力约 50 万 t/d，餐厨垃圾处理试点工作稳步推进，餐厨垃圾处理能力有较大提升。进入“十四五”以来，生活垃圾分类和处理设施建设进入关键时期，其中餐厨垃圾分类处理是重点发展项目。根据国家《“十四五”城镇生活垃圾分类和处理设施发展规划》十条主要项目的第三条“厨余垃圾处理设施建设”任务，充分体现了餐厨垃圾处理的发展重要性。但餐厨垃圾减量化、无害化处理和资源化利用是行业发展亟待解决的关键问题。

由于中国餐厨垃圾处理行业尚处于起步摸索阶段，整个产业链的运营模式不够成熟，市场上从业的企业数量不多且规模较小，当前涉足餐厨垃圾处理的企业主要是区域环境集团型企业和以提供技术和设备为主的企业，还没有出现具有明显优势的行业龙头。由于餐厨垃圾成分复杂，具有有机物含量丰富、水分含量高、易腐烂、发臭的特点，目前主要采用的技术为厌氧发酵、好氧堆肥、微生物技术，其中厌氧发酵技术占比70%以上。截至2020年9月，全国已建、在建、筹建的餐厨垃圾处理项目总计处理能力只有约2.15×10^4 t/d（年处理能力$7.847\,5\times10^6$ t），相对于每年1.2×10^8 t的产生量，处理缺口仍然巨大。目前建成的项目以200 t以下的中小规模处理设施为主，餐厨垃圾项目平均吨投资6×10^5元左右。在省市区域方面，吨投资数值最大的为广东，平均吨投资在7×10^5元左右。截至目前，已形成了北京模式、上海模式、西宁模式、宁波模式等餐厨垃圾资源化处理模式，但总体来讲，餐厨垃圾管理体系和处理技术依然不成熟[1]。

目前处理餐厨垃圾较为主流的方向有两个：其一是厌氧发酵，过程中会产生沼气；另一个则是好氧发酵，可以产出肥料或饲料。好氧微生物发酵的技术，即在有氧条件下利用好氧微生物的新陈代谢活动将餐厨垃圾中的有机质分解。与厌氧微生物分解相比，好氧微生物处理的速度更快、降解率高、气味小。

为了进一步优化餐厨垃圾无害化处理技术、提高资源利用效率、减少环境危害，桐乡恒易环保科技有限公司与浙江省农科院等科研院校合作，依托浙江恒易生物科技有限公司动物无害化处理的成功经验，经过几年的探索研究，成功研发餐厨废弃物无害化处理和资源化利用的新技术——干热水解生物转化法。较以前技术，干热水解生物转化法工艺资源利用率高，无害化程度高，对环境影响小，且工艺工程投资较少，运行费用较低，产品应用广泛，开创了餐厨废弃物处置的新理念和新方法。

“干热水解生物转化法”融合了干热水解和生物处置的优点，具有无害化、减量化、资源化等特点。车间主要分为七个功能区，包括：仓储配送区、自动分拣区、灭菌热解区、物质分流区、污水处理区、臭气净化区、资源化利用区。该技术具有项目投资适度、布局科学合理、工艺技术创新、系统智能操作、生产高效洁净、水气环保共治等特点。工艺核心是通过自主设计的专用转运车将中转站的餐厨垃圾运至处理中心“仓储配送区”。经智能操作自动配送至“自动分拣区”，分拣是整个工艺首要阶段，也是衡量一套工艺成熟与否关键所在，恒易环保自主研发的全自动多级分拣系统真正做到了机械化、自动化、清洁化和减量化。分拣出的生活垃圾进一步脱水减量后委托处理。餐厨物料经粉碎制浆后，输入“灭菌热解区”，进行热解（高温90～100℃，40～60 min），通过热解将产物杀毒灭菌。最终经“物质分流区”，分别分离出粗油脂、有机固化物、污水。粗油脂直接外售化工企业。有机固化物输入“资源化利用区”，导入蝇蛆工程技术，经分解、消纳、转化，收获蝇蛆蛋白原料，除用作饲料蛋白原料外，还可作为人类食品以及相关医药、保健品的原料，具有高值化开发和利用价值。蝇蛆工程后剩余物经发酵等工艺制成优质的生物有机肥。污水进入“污水处理区”，处理达标后纳管排放，部分污水经深度净化处理后回用于生产，所产沼气分别作为蒸汽发生器和沼气发电机的燃料实现资源化再利用。整个生产过程采用全密闭、微负压设计，臭气通过收集系统送至臭气净化区经专用除臭设备净化处理，达标高空排放，实现水气环保共治。

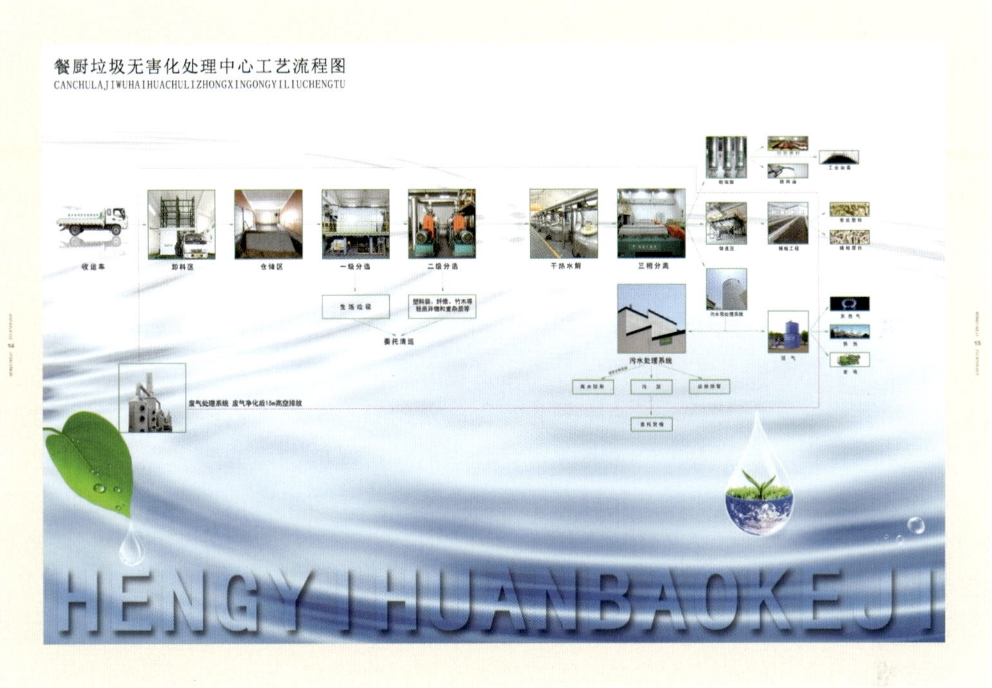

二、企业发展前景与展望

（一）发展目标

目前桐乡恒易环保公司无害化处理的技术已经成熟，进入全国范围内的推广实施阶段。母公司将依托桐乡恒易环保科技的科技创新积累和成功运营经验，未来的 2～3 年在全国建立多家控股子公司，母公司将以子公司为载体在当地建立处理厂，实现本地化运作，从而使公司从一个地区型的企业走向全国型的大企业集团。依据“恒易环保，变废为宝”的理念，不断坚持创新与发展，通过与高等院校、科研单位的合作，不断提升餐厨垃圾有机固体物资源化利用、创新发展无害化处理设备，加快提取蛆体内的营养成分转化为营养保健品的原料，拓展医疗保健市场，开拓企业发展的新道路。公司秉承“诚信、高效、创新、共赢、环保”的经营理念，致力于打造中国最大的集生物技术的开发、推广、转让、咨询、餐厨废弃物资源化循环利用技术及其处理设备的研发、工程设计、机械设备、蝇蛆养殖与销售、有机肥生产与销售、生物制药于一体的生物科技集团公司。

（二）联合发展

1. 技术创新与升级

随着科技的不断进步和创新，餐厨垃圾处理技术也在不断升级和改进。依托现有成功经验，公司不断进行技术及设备升级，进一步提高餐厨垃圾处理效率和质量。通过物联网、大数据等技术实现餐厨垃圾产生、收集、运输、处理等全过程的智能化和信息化管理，提高处理效率和质量，形成餐厨垃圾一体化智能共联体系。

2. 产业链整合与拓展

餐厨垃圾处理行业的发展不仅仅是处理环节本身，还涉及相关的产业链整合和拓展。例如，餐厨垃圾处理企业可以与高等院校、农业企业、产品下游企业等合作，实现资源共享和互利共赢。这种产业链的整合与拓展将为餐厨垃圾处理行业带来更多的商业机会和发展。

本工艺三相分离后可得有机固化物和粗油脂。

有机固化物可通过蝇蛆工程收获蝇蛆蛋白原料，蝇蛆作为一种富含各种蛋白质、几丁质、抗菌肽、氨基酸、矿物质和多种维生素等营养成分，是一种丰富而重要的蛋白资源。随着对其研究的深入，蝇蛆独特的食疗保健价值日益引起人们的普遍重视，蝇蛆产品的应用领域正在不断扩大，公司在无害化处理后续产品的深度开发方面，将以浙江省农科院等科研院校为技术依托，开展全面技术合作并成立“工程技术中心”，共建研发，就后续产品深度研发方面开展科技合作，将蝇蛆进一步深度研发，从蝇蛆中提炼出对人类有益的保健品和生物制品，实现资源利用高值化。

同时有机固化物可再利用制备生物饲料，公司已为开展本项目实施奠定前期基础，现与相关专业科研机构就“餐厨垃圾无害化处理资源化利用”后续产品深度研发方面开展紧密研究合作，对餐厨垃圾三相分离物进一步深度研发，将其进行进一步的工艺处置转化为饲料原料甚至于成品饲料。

粗油脂与下游企业合作用于生产生物柴油、制备化工产品、洗涤剂，还可以用来制备表面活性剂、润滑油、混凝土脱模剂的乳化油以及生产硬脂酸盐和油酸等，从而实现资源再利用。

3. 品牌推广与发展

公司的可持续、高质量发展必须树立良好的品牌形象，积极履行社会责任。在餐厨垃圾无害化处理整个过程中应最大限度减少对环境的污染和对资源的消耗；在资源化利用方面应注重循环经济和绿色发展；同时，还应积极参与公益活动和环保宣传等社会责任活动，提高企业的社会形象和影响力。

“干热水解转化法”融合了干热水解和生物处置的优点，具有无害化、减量化、资源化等特点，实现了餐厨垃圾处理的减量化、无害化、资源化、产业化，既符合当前国家政策形势的要求，又是守护绿水青山、共建美好家园的需求。该模式开创了餐厨垃圾处置的新理念和一种稳定的餐厨垃圾无害化处理和资源化利用新方法，最终实现人与自然环境更加和谐相处。因此利用此模式的对外推广可以进一步扩大公司在环保领域的贡献和影响力，从而不断提升公司的知名度，吸引更多的客户和合作伙伴，增加拓展市场机会，促进公司的业务发展，为公司未来更进一步的发展提供良好的市场条件。

三、科技荣誉和称号

1. 2021 年 1 月获得国家一级餐厨垃圾收集处理服务企业资质证书（图 14-1）
2. 2023 年获得国家高新企业称号（图 14-2）
3. 2020 年 6 月获得浙江省科技型中小企业称号（图 14-3）
4. 2019 年 12 月被授予桐乡市企业高新技术研究开发中心（图 14-4）
5. 获得 2023 年度桐乡市生活垃圾分类最佳资源化利用企业（图 14-5）

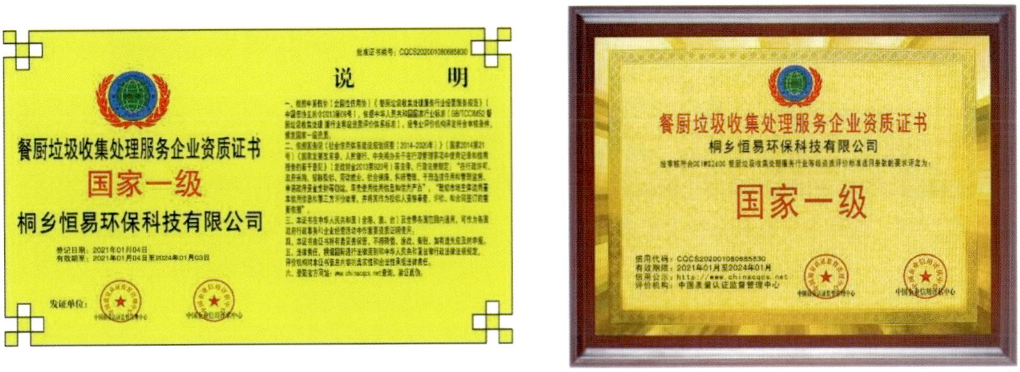

图 14-1　餐厨垃圾收集处理服务企业资质证书－国家一级

图 14-2　国家高新企业

图 14-3　浙江省科技型中小企业

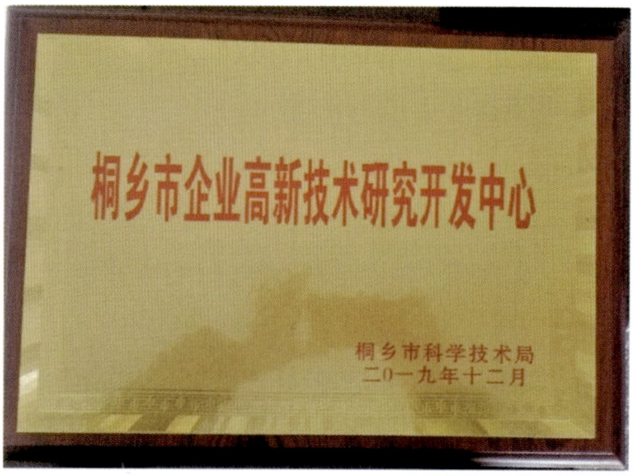

图 14-4　桐乡市企业高新技术研究开发中心

图 14-5　2023 年度桐乡市生活垃圾分类最佳资源化利用企业

四、媒体关注

（一）一年“吃”进 5.4 万吨垃圾，桐乡这家企业上演餐厨垃圾“变形记”_【快资讯】https: //www.360kuai.com/pc/9492a2e5203fcb05c?cota=3&kuai_so=1&tj_url=so_vip&sign=360_57c3bbd1&refer_scene=so_1。

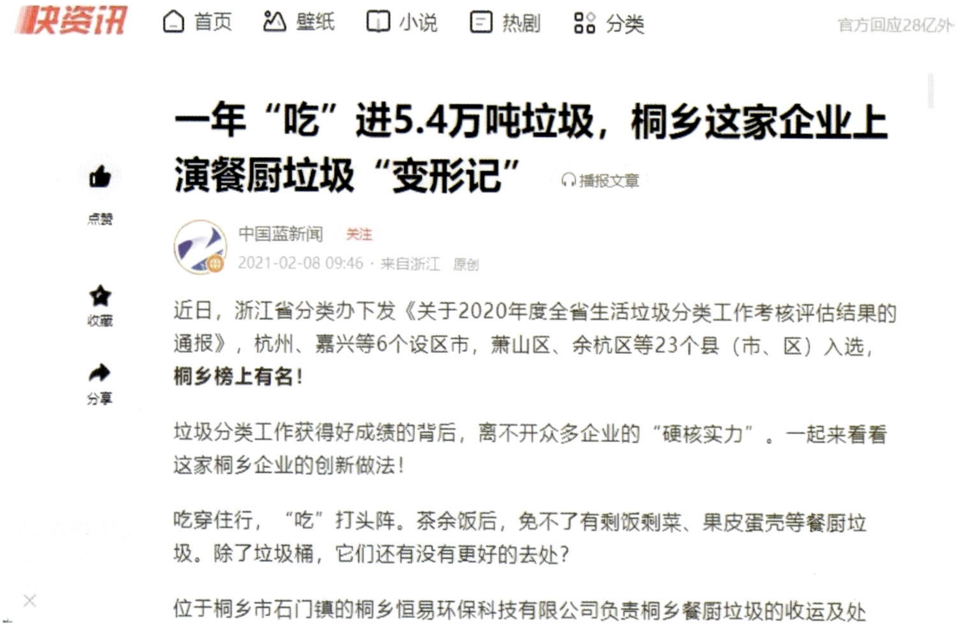
快资讯　首页　壁纸　小说　热剧　分类　　官方回应28亿外

一年“吃”进5.4万吨垃圾，桐乡这家企业上演餐厨垃圾“变形记”　播报文章

点赞　收藏　分享

中国蓝新闻　关注
2021-02-08 09:46 · 来自浙江　原创

近日，浙江省分类办下发《关于2020年度全省生活垃圾分类工作考核评估结果的通报》，杭州、嘉兴等6个设区市，萧山区、余杭区等23个县（市、区）入选，**桐乡榜上有名！**

垃圾分类工作获得好成绩的背后，离不开众多企业的“硬核实力”。一起来看看这家桐乡企业的创新做法！

吃穿住行，“吃”打头阵。茶余饭后，免不了有剩饭剩菜、果皮蛋壳等餐厨垃圾。除了垃圾桶，它们还有没有更好的去处？

位于桐乡市石门镇的桐乡恒易环保科技有限公司负责桐乡餐厨垃圾的收运及处

（二）新技术让处理更彻底　桐乡餐厨垃圾处置不再有“味”【浙江在线】http: //jx.zjol.com.cn/szyw/201808/t20180829_8134603.shtml。

新技术让处理更彻底 桐乡餐厨垃圾处置不再有“味”

2018-08-29 21:54:10 来源：　嘉兴日报微信号

在我们的日常生活中，饭桌上的美味佳肴，一番“风卷残云”后就变成了餐厨垃圾。餐厨垃圾极易腐烂变质，散发恶臭，其中包含了油、水、果皮、蔬菜、骨头以及废餐具、塑料、纸巾等多种物质，所以餐厨垃圾的处理，已成为很多城市难以回避的一个课题和难题。

一位环卫工人说，餐厨垃圾容易滲漏，而且散发出的臭味远比其他生活垃圾浓重，对环境影响很大，清理起来很让人头疼。

（三）桐乡农村餐厨垃圾处理走上可持续之路 · 浙江新闻【浙江新闻】https: //zjnews.zjol.com.cn/zjnews/jxnews/201807/t20180703_7680012.shtml。

浙江新闻

首页　浙江　时政　人事　高层　视频　图片　人文

您当前的位置：浙江在线 > 浙江新闻 > 浙江纵横 > 嘉兴 正文

桐乡农村餐厨垃圾处理走上可持续之路

2018年07月03日 08:26:00　来源：嘉兴日报　记者 吕兆元 通讯员 陈方园

"师傅这里一共有两个餐厨垃圾桶，拿上去小心些啊。"昨天上午，在桐乡市红蚁屋服饰有限公司内，市区梧桐街道的两名餐厨垃圾收运工作人员正在将放置在该企业的两个餐厨垃圾桶搬上一辆名为"桐乡市餐厨废弃物收运车"的垃圾回收车，一会儿它们将被统一拉至梧桐街道餐厨垃圾中转站。

"市区餐厨垃圾的统一收运处置工作于2015年底起正式启动，主要收运的对象为市区范围内的机关单位、大部分学校以及部分的大型企业等等，目前平均每天收集餐厨垃圾量为40吨左右。"桐乡市生活垃圾分类办宣传培训科科长蒋驹裔告诉记者，为了进一步加强对我市餐厨垃圾的收运管理，改善市容市貌和环境卫生，促进餐厨垃圾规范化收运、无害化处置，今年7月1日开始，市区梧桐街道下辖的14个行政村正式启动了餐厨垃圾上门统一收运工作。

（四）餐厨垃圾“变形记”【桐乡新闻网】http: //txnews.zjol.com.cn/tongxiangxinwen/tongxiangzonghe/202102/t20210209_3660212.html。

桐乡新闻网
txnews.zjol.com.cn

您当前的位置：首页 > 桐乡新闻 > 桐乡·综合

一年“吃”进5.4万吨垃圾

餐厨垃圾“变形记”

桐乡模式已开始向全国推广

2021-02-09 09:10　来源：今日桐乡　作者：中心首席记者 周玥　编辑：金悦欢

吃穿住行，“吃”打头阵。茶余饭后，免不了有剩饭剩菜、果皮蛋壳等餐厨垃圾。除了垃圾桶，它们有没有更好的去处？

位于石门镇的桐乡恒易环保科技有限公司负责桐乡餐厨垃圾的收运及处置。在这里，餐厨垃圾“变形”了——“吃”进垃圾，“吐”出有机肥（半成品）和工业用粗油脂。

如果不是一辆载有5吨餐厨垃圾的转运车恰好驶入，很难让人将这个环境整洁的厂区与垃圾处理联系起来。这些垃圾还没有机会在露天“露面”，便无缝对接去了室内的卸料区。分拣，是“变形”的第一步。

类似吨位的转运车，每天有30辆次进入。也就是说，卸料区每天要“吃”进140吨左右的垃圾。即便是分类后的餐厨垃圾，也难免混杂塑料、竹木、玻璃等垃圾。而将这些东西挑出来的，不是工人，而是智能化分拣系统。经两道环节的自动分拣，真正的餐厨垃圾进入下一环节，其他的垃圾则经脱水后就地减量，再委托清运。

参考文献

［1］谭业琴，俞钟陆，魏孔忠．“双碳”背景下中国餐厨垃圾处理现状及趋势．能源与节能，2022（4）：63-65，68.